Ursel Nendzig
Renée Schroeder

Ursel Nendzig

Renée Schroeder

Alle Moleküle immer in Bewegung

Residenz Verlag

Bibliografische Information der Deutschen Nationalbibliothek
Die Deutsche Nationalbibliothek verzeichnet diese Publikation in der Deutschen Nationalbibliografie; detaillierte bibliografische Daten sind im Internet über http://dnb.dnb.de abrufbar.

www.residenzverlag.at

Umschlaggestaltung: BoutiqueBrutal.com
Umschlagfoto: Stefan Knittel
Typografische Gestaltung, Satz: Lanz, Wien
Lektorat: Stephan Gruber, feintext.eu
Gesamtherstellung: CPI books GmbH, Leck

ISBN 978 3 7017 3488 7

Inhalt

Renée

Vor meinem ersten Treffen mit Renée Schroeder nahm ich mir fest vor, »per Sie« mit ihr zu sein und es auch zu bleiben – professionelle Distanz wahren. Ich hielt diesen Vorsatz für ganze zwei Sekunden. Das ist genau die Zeit, die es braucht, um die wenigen Meter vom Aufzug zu ihrer Wohnungstür zurückzulegen, drei oder vier Schritte. Dann war die Distanz mit der Wärme des Händedrucks zusammengeschmolzen, den Universitätsprofessorin Dr.^{in} Schroeder mir gab, zusammen mit einem Lachen und der Begrüßung: »Ich bin die Renée, sagen wir Du.«

Schwer zu sagen, was genau ich mir von dieser Distanz erwartete, die ich da unbedingt wahren wollte; jedenfalls gab es sie nicht. Mit einer solchen Offenheit hat mich selten jemand – und mit Sicherheit keine Wissenschaftlerin und kein Wissenschaftler ihres Kalibers – an ihrem oder seinem Leben teilhaben lassen, von der ersten Begegnung weg, zwischen dem Aufzug und der Türe zu ihrer Wohnung am Wiener Rudolfsplatz.

Dieser ersten Begegnung folgten viele weitere. Wir erarbeiteten Stück für Stück ein Buch, »Die Henne und das Ei«, dessen Inhalt Renée Schroeders Weltbild ist. Im Zuge dieser Arbeit lernte ich viel. Ich bekam nicht nur eine Auffrischung in den Grundlagen der Chemie, sondern lernte auch das:

Nichts ist so kompliziert, dass man es nicht durch langes Nachfragen und Denken irgendwann verstehen kann.

Wahre Größe ist nicht daran zu messen, wie groß der Schreibtisch ist oder wie edel das Büro. Und auch nicht daran, was man hat, sondern an dem, was man gibt.

Eine Wissenslücke zu offenbaren, ist das Gegenteil von Schwäche.

Meine Wissenslücken in Chemie waren gewaltig. DNA, das bekam ich gerade noch auf die Reihe; worin sie sich aber von der RNA unterscheidet, da war es schon aus. Was Epigenetik genau ist, da musste ich ebenfalls passen, und mit den Hauptsätzen der Thermodynamik war es das Gleiche. Ich denke, ich selbst hätte mich mit einem Buch über die Grundlagen der Chemie weggeschickt und wiederbestellt, wenn ein vernünftiges Gespräch über die elementaren Bausteine der Chemie möglich gewesen wäre. Sie behielt mich da, nahm mich an der Hand und zeigte mir ihre Welt.

Es begann eine faszinierende Reise. Die Welt aus der Perspektive einer Chemikerin zu sehen, war für mich völlig neu. Da waren keine unerklärbaren Erscheinungen mehr, keine übernatürlichen Fähigkeiten, keine göttlichen Funken. Da waren Fakten, Studien, Phänomene, Experimente, Forschungsergebnisse. Da waren so klare Gedanken, so einfache Erklärungen. Und eine so unerschütterliche Haltung.

Renée, die Feministin, die Atheistin, die »Quotenfrau« in der Männerdomäne: Diese Rollen erfüllt sie alle mit der Sicherheit, die nur eine klare Überzeugung mit sich bringt; das Wissen darum, mit seiner Meinung auf einem soliden Fundament zu stehen; nicht zu wanken und sich nicht mit dem nächstbesten Wind zu drehen.

Dabei aber – und das scheint mir die hohe Kunst – nicht blind und taub für die Überzeugungen anderer zu sein. Sondern hinzusehen, zu hinterfragen: Woher kommt die Ansicht meines Gegenübers? Anzuerkennen, zu akzeptieren: Vielleicht hilft jemandem der Glaube an eine Himmelsmacht – und solange er damit niemandem schadet, wieso nicht?

Mit dem Entstehen des ersten gemeinsamen Buches veränderte sich meine gesamte Wahrnehmung. Es mag übertrieben klingen, aber so fühlte es sich an: wie eine Erweckung. Ich, die erwachsene Frau, begann zu denken. Ich verlor die Scheu davor, mir eigene Gedanken zu machen. Und mir wurde bewusst, wie wenig ich die Dinge um mich herum bisher hinterfragt hatte.

Bei jeder Lesung, die wir zusammen mit unserem inzwischen fertigen Buch hielten, beobachtete ich, wie es den Menschen im Publikum genauso erging wie mir. Das Licht, das ihnen aufging, schien greifbar zu sein. Es war unglaublich faszinierend, die veränderten Gesichtsausdrücke zu sehen; das Glück, das sich ausbreitete, war tatsächlich sichtbar. Ich kannte das: Es ist unglaublich beglückend, etwas zu verstehen.

Dieses Glück, das wurde mir nach und nach klar, ist, was Renée seit ihrer Kindheit antreibt. Von Anfang an waren da so viele Fragen, die sie beantworten wollte: woher wir kommen, der Ursprung des Lebens, wie das alles entstehen konnte, wie genau etwas funktioniert. Nicht »so ungefähr«, sondern ganz genau. Sie machte sich auf die Suche nach Antworten, die doch irgendwo da drin versteckt sein mussten. Und dann war das Glück da, die pure Freude, wenn sie eine Antwort bekam. Es muss sich wie ein Rausch angefühlt haben, denke ich mir. Und ein bisschen konnte ich ihn auch spüren.
Wozu nun dieses Buch?

Nachdem wir drei Bücher zusammen veröffentlicht hatten, reifte die Idee, Renées Biografie niederzuschreiben. Ihre erste Frage: »Wozu? Was gibt es da schon zu erzählen, das jemanden interessieren könnte?«

Die Antwort auf diese Frage ist klar: Sehr viel! Renées Biografie steckt voller Details, die ungewöhnlich sind. Ihr selbst mögen diese Besonderheiten völlig normal vorkommen, das liegt wohl in der Natur der Sache. Gleichzeitig ist ihr Lebenslauf aber nicht so wunderlich, als dass man sich nicht an vielen Stellen selbst wiederfinden und Anknüpfungspunkte für sein eigenes Leben ausmachen könnte. Ein Lebenslauf, der ein Vorbild sein kann: sich eine eigene Meinung zu bilden; für seine Ideale einzustehen; weiterzudenken; stark zu bleiben; davon überzeugt zu sein, dass man Großes erreichen und bewirken kann – auch wenn der Gegner übermächtig erscheint; auch wenn man sich als Frau in einer Männerdomäne wiederfindet; auch wenn man in ein fremdes Land kommt; auch wenn man Widerstand spürt. Wobei: Was heißt »auch«? Gerade dann!

Ihre zweite Frage: »Jetzt schon? Aber mein Leben fängt doch grade erst richtig an!«

Renées Pensionsantritt war der Aufhänger für dieses Buch. Es war faszinierend, zu sehen, wie eine Vollblutforscherin ihre Wissenschaft hinter sich lässt, Platz macht für die nächste Generation und sich voller Neugier dem Neuen zuwendet. Die Art und Weise, wie sie diesen Schritt plante, lässt sich in der Art und Weise verorten, wie sie denkt – wie weit nämlich. Und das wiederum lässt sich in ihrer Biografie verorten, in ihrem Lebenslauf, in dem sie niemals als stille Beobachterin am Rand stand, sondern immer mittendrin – sich stark machend für die Schwachen, kämpfend für Rechte, unorthodoxe Gedanken denkend und vor allem das: immer in Bewegung.

Diese Biografie ist aus der nicht vorhandenen Distanz geschrieben, aus direkter Nähe. Sie ist sicher nicht objektiv, aber was ist das schon. Es ist ein Buch, das inspirieren soll, vor allem Frauen, aber natürlich nicht nur, und zwar so, wie mich Renée inspiriert hat: zu hinterfragen, weiterzudenken, die Freude am Wissen zu spüren, den Spaß an der Arbeit – und keine Angst vor fehlender Distanz zu haben.

Ursel Nendzig
Wien, Juni 2019

Verseifung

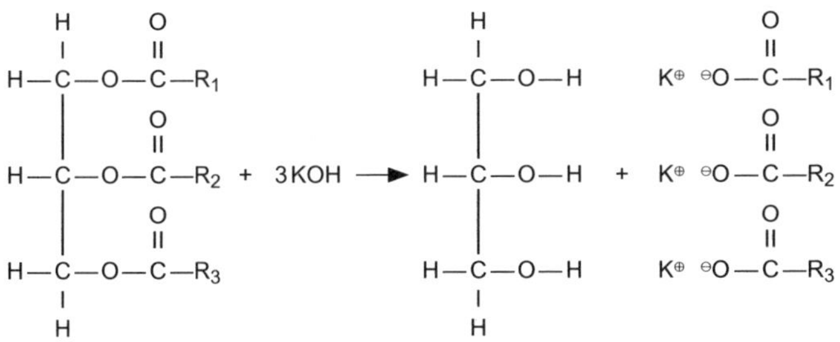

Fett besteht aus Glyzerin und drei verschiedenen Fettsäuren,
die Fettsäuren wurden zu Fett verestert.

Verseifung ist die Gegenreaktion: Die Ester werden mit Natronlauge (oder Kalilauge) gespalten. Fett wird dabei in Glyzerin und die Alkalisalze der Fettsäuren zerlegt.

Es entsteht Seife.

Zwei Stoffe reagieren miteinander. Etwas Neues entsteht.

Verseifung ist irreversibel.

KAPITEL 1

Die Leierhof-Bäuerin

Wenn man von Wien aus die Westautobahn nimmt, bei Regau abfährt, Richtung Gmunden, dann sind es nur noch ein paar Kurven, unter einer Straßenbrücke durch, und dann sieht man den Traunsee. Wie er ganz ruhig daliegt, in der Morgensonne, samtig, frisch, grün-blau, und hinter ihm ragen schroffe, spitze Felsen auf.

Hier passiert das, was Renée den »Switch« nennt. Sie öffnet das Autofenster, atmet tief ein und kippt von der Wiener Welt in die Bergwelt. Ab hier wird es schöner, wilder, einsamer. Kühe grasen am Straßenrand, bunte Blumenwiesen, dann die Einfahrt in die Weißenbachklamm, die Zufahrt zur Postalm. Eine Schlucht, die jetzt endgültig den Beginn dieser anderen Welt markiert, raue Felsen, ein springendes Bächlein neben der kurvigen Straße, die sich hoch- und höherschraubt. Klares Wasser, das über eine steinerne Kante fällt; Luft, die durch die Fenster hineinströmt.

Kurve um Kurve rückt der Himmel näher, die Berggipfel kommen langsam auf Augenhöhe, die Wiesen verändern sich, werden spröder. »1000 Meter Seehöhe« steht geschrieben, jetzt ist es nicht mehr weit. Die Abzweigung Richtung Abtenau führt von der oberösterreichischen auf die Salzburger Seite der Postalm; ein untätiger Skilift, steinige Wiesen, Kühe. Nach einer Kurve schiebt sich von links der Dachstein ins Bild, dieser majestätische Berg, schneebedeckt. Und unten im Tal ist Abtenau. Das Panorama ist atemberaubend – diese Weite, diese Höhe, diese Farben. Noch ein Stück die Postalmstraße entlang, beim Mauthäuschen vorbei, dann rechts. Und dann: das Haus.

Ach, ich liebe es so sehr.

Sieben Jahre ist es jetzt her, dass Renée diesen Weg zum ersten Mal gefahren ist. Damals ohne zu ahnen, dass es der Weg sein würde, den sie später, als Leierhof-Bäuerin, viele, viele Male fahren wird.

Die ganze Geschichte beginnt aber noch früher, vor vielen Jahren, als Renées Mutter Teile vom alten Bauernhof der Familie, dem Fischerhof in Luxemburg, verkauft hatte und dieses Geld an ihre Enkelsöhne – Renées Kinder Fabian und Constantin – verschenkte: Sie sollten sich eine Wohnung darum kaufen. Die beiden hatten aber andere Pläne. Wollten eine Hütte erwerben, wo sie mit ihren Familien einmal die Ferien verbringen würden. Zwei Jahre lang suchten Fabian und Constantin nach einer Hütte am See oder irgendetwas Vergleichbarem, ohne klare Vorstellung, suchten »es«. Gemeinsam schauten sich die Brüder alle möglichen und unmöglichen Immobilien an: alte Bauernhöfe bei Murau und Tamsweg, eine alte Jugendherberge ganz hier in der Nähe, in Ebensee, ein riesiges altes Haus war das, mit Bootshaus, direkt am See. Toll, aber irgendwie doch eine Nummer zu groß. Immer hat etwas gefehlt oder war etwas zu viel.

Ich bin im Taxi gesessen vom New Yorker Flughafen JFK nach Manhattan, als ich einen Anruf auf dem Handy bekomme, der Fabian war dran: »Du Mama, ich hab es!« – »Was hast du?« – »Ich hab ihn gefunden, den

Traumort. Aber …« – »Aber?« – »Aber es ist für Constantin und mich eine Nummer zu groß. Ohne dich geht es nicht.« – »Okay, ich schau es mir an.«

Als ich wieder in Österreich war, bin ich gleich mit ihm nach Abtenau gefahren und wir haben uns den Leierhof angeschaut. Der Fabian hatte einen Picknickkorb dabei. Wir haben uns auf die Wiese gesetzt und die Gegend auf uns wirken lassen. Es war atemberaubend. Diese Aussicht. Diese Wildheit. Kaum sind wir gesessen mit unserem Picknick, kam ein riesiger Vogel geflogen, direkt an meinem Kopf vorbei, und wollte an unser Essen. Ich weiß nicht, was es für ein Vogel war, es ging so schnell, jedenfalls ein Greifvogel. Okay, dachte ich, Hühner kann man hier nicht halten, die sind in kürzester Zeit weg. Aber wie wir dort gesessen sind, hab ich mir gedacht: Genau. Das ist es. So wird aus dem Fischerhof in Luxemburg der Leierhof in Abtenau.

Als sie damals mit ihrem Sohn auf der Wiese saß, wusste Renée natürlich noch nichts von den Schwierigkeiten, die es geben würde. Und das war vermutlich auch gut so. Zuerst unternahmen die beiden einen Rundgang. 33 Hektar umfasst der Grund, davon 13 Hektar Wald, viele steile Wiesen. Ein altes Bauernhaus stand unten, an der Postalmstraße, verfallen, daneben der Stall, zusammengebrochen. Der Wald war ungepflegt, die Wiesen verwildert. Trotzdem fassten sie den Beschluss: Gut, wir machen es, wir gehen zum Notar und machen alles klar!

Der Hof hatte Peter Wallinger gehört, einem unverheirateten Eigenbrötler, der schon vor drei Jahren verstorben war. Er stammte aus einer großen Bergbauernfamilie, hatte neun Geschwister, die jüngste Schwester lernte Renée noch kennen, sie kommt manchmal auf Besuch. Vor seinem Tod war Peter Wallinger noch zwei

Jahre im Altersheim. In dieser Zeit kümmerte sich niemand um den Hof. Das Haus war in einem desolaten Zustand. Er hatte wohl allein hier gelebt, aber mit vielen Katzen, und, nachdem der Stall zusammengebrochen war, auch mit den Kühen unter einem Dach. Er hatte sie einfach in sein Haus gelassen.

Als Renée und ihre Söhne das Haus zum ersten Mal betraten, waren sie ob der Verwüstung geschockt. Im Kühlschrank war noch Essen, auf dem Boden lagen Katzenfutterdosen, volle und leere, Papier überall. Peter Wallinger hatte nichts mehr weggeräumt, nur ein Zimmer bewohnt und die übrigen als Müllhalde verwendet. Weil hier heroben keine Müllabfuhr kommt, hatte er angefangen, den Müll auch auf die Wiesen zu schmeißen (was ein Problem wurde, weil man händisch den ganzen Müll, den Schutt, die Steine und Eisenteile wegtragen musste, um mit dem Traktor mähen zu können).

Sie fanden Unmengen ungeöffneter Briefe, die meisten von Behörden. Vermutlich war er Analphabet gewesen. Ein Einsiedler, ein Messie, nie verheiratet, keine Kinder. Im Zuge der Aufräumarbeiten legten Renée, Fabian und Constantin sein Leben frei, Schicht für Schicht. Durch die Dinge, die sie fanden, aber auch durch die Erzählungen der umliegenden Bauern: »Ah, der Wallinger, dem hab ich Katzenfutter gebracht.« Und bei den Behörden: »Ah, der Wallinger, der hat nie einen Brief beantwortet.« Dass er ein unzugänglicher Mensch gewesen sei. Dass er angefangen habe, ein Haus neben seinem eigenen zu bauen, Gästezimmer, das Projekt aber fallen ließ, weil er irgendwas falsch verstanden hatte, dachte, dass er etwas zahlen müsse für die Gäste und nicht umgekehrt. Dass er kein sozialisierter Mensch gewesen sei. Was auch nachvollziehbar ist, wenn man auf

1100 Metern allein lebt. Bevor es die Postalmstraße gab, sei er im Winter gar nicht ins Tal gekommen. Und hier heroben kommt keine Post, keine Müllabfuhr, kein Laster, der die Milch abholt.

Wohl gab es Erben, fünf Leute, die zerstritten waren und verkaufen wollten. Gemeinsam hätten sie ohnehin nichts mit dem Gelände anfangen können, das viel zu steil ist, um es auf einfache Weise zu bewirtschaften.

Beim Notar wurden die ersten Hürden erkennbar. Bevor das Grundstück – landwirtschaftliche Nutzfläche – überhaupt verkauft werden konnte, musste es sechs Wochen lang ausgeschrieben werden. Obwohl Renée und ihre Söhne schon den Kaufvertrag hatten und das Geld auch bereits bezahlt war, mussten sie sechs Wochen warten, um zu sehen, ob ein Bauer es haben wollte. Schließlich die Nachricht von der Grundkommission: Es habe sich zwar niemand anderer gemeldet, aber… Aber das Land des Leierhofes sei nun einmal landwirtschaftlich gewidmete Fläche, was bedeutet: Nur Bauern dürfen es besitzen. Ein Problem, für das es zwei mögliche Lösungen gab: erstens, einen Bauern zu finden, der das Land in ihrem Namen übernimmt. Oder zweitens, selbst Landwirte werden.

Da war uns natürlich klar: Wir werden selber Landwirte.

Von Oktober 2011 bis Mai 2012 drückten Renée und ihr Sohn Fabian die Bank der Landwirtschaftlichen Fachschule in Hollabrunn, Niederösterreich. Eine mühsame Angelegenheit neben ihrer Professur an der Universität und all den Vorträgen, Projekten und Verpflichtungen in Renées Berufsleben. Angelegt ist die »Bauern- und Bäuerinnenschule« als berufsbegleitende Ausbildung für Personen, die bereits einen Beruf haben und im Nebenerwerb Landwirt oder Weinbauer werden wollen. Jeden Montag und Mittwoch von 18 bis 22 Uhr und jeden Samstag von 8 bis 16 Uhr, 16 Stunden die Woche: Das war das Pensum, das zwei Semester lang absolviert werden musste.

Es war anstrengend. Aber auch spannend. Renée und Fabian lernten Nutztierhaltung, Obstbau, landwirtschaftliche Betriebsführung, Pflanzenbau. Acht Monate, dann die Prüfung im Mai, die beide bestanden. Das Zeugnis wurde der Grundkommission zugeschickt. Die erste Hürde war genommen.

Und dann die große Frage: Was jetzt? Sollte man das alte Bauernhaus renovieren? Oder abreißen und neu bauen? Fast drei Jahre lang versuchten Renée, Fabian und Constantin zusammen mit einem jungen Architekten, Maximilian Eisenköck, zu ergründen, was sie denn eigentlich wollten. Renée wollte nie ein Haus bauen. Keiner der drei hatte Erfahrung. Gemeinsam überlegten sie eingehend: Welches Haus möchten wir haben? Was ist sinnvoll hier heroben? Was muss das Haus können? Welchen äußeren Einflüssen wird es trotzen müssen – Wind, Schnee, Höhensonne? Was darf es kosten? Und wie soll es überhaupt ausschauen? Es kristallisierten sich ein paar Eckpunkte heraus, etwa dass nur Material aus der Gegend verbaut werden sollte, Holz, Steine, auch nur von Handwerkern aus der Region.

Der Architekt machte Entwürfe über Entwürfe, ganz unterschiedliche, über denen die drei stundenlang brüteten, bis sie sagten: Ja, so wird es jetzt!

2015 haben wir begonnen zu bauen. Davor mussten wir aber eine Baugenehmigung einholen und sind zum Bürgermeister von Abtenau. Der Plan war wunderschön ausgearbeitet. Der Bürgermeister sagte: »Nein.« So etwas hat er noch nie gesehen. So etwas gibt es in ganz Salzburg nicht. Und deshalb wird es das auch nie geben. Wir sollten, sagte er, ein Haus, das es irgendwo in Salzburg bereits gibt, aussuchen und dann das Gleiche nachbauen. Das sagt viel aus über seine Mentalität. Er war zwanzig Jahre lang Bürgermeister, und es ist kein Wunder, dass in Abtenau in dieser Zeit nicht sehr viel weitergegangen ist, dass dort wenig passiert ist.

Uns blieb nichts anderes übrig als abzuwarten, weil wir schon wussten, dass im März 2015 die nächsten Bürgermeisterwahlen stattfinden würden, und wir hofften, dass er abgewählt wird. Und genau das ist passiert. Sein Nachfolger, Johann Schnitzhofer, ist wirklich super. Erstens ist er auch im Landtag, also einer, der einen gewissen Weitblick hat. Und zweitens hat er auch Kühe auf der Postalm, eine Almhütte, macht Käse, ist also zugleich sehr mit der Region verbunden. Ein echt cooler Typ. Jedenfalls war er begeistert von unseren Plänen und dem Konzept, das modern, aber auch regional und nachhaltig ist, und er hat uns die Bauerlaubnis gegeben. Im Sommer 2015 konnten wir anfangen zu bauen.

Zu diesem Zeitpunkt stand der alte, zerfallene Hof von Peter Wallinger noch. Unten, direkt an einer Kehre der Postalmstraße, die den Leierhof-Grund talseitig begrenzt. Zwei Hofstellen auf einem Grund, das darf nicht sein. Die Auflagen waren streng, deshalb musste zuerst das alte Haus abgerissen werden. Innerhalb von nur zwei Wochen trugen Renées Söhne zusammen mit Freunden und einem Bagger den Hof ab. Übrig blieb ein Container, in dem wertvolles Holz eingelagert wurde. Gewohnt haben sie in der Phase des Baus in einem Hochstall, noch oberhalb des Leierhofes, mit Plumpsklo und ohne fließendes Wasser. Eine tolle Zeit war das, sagt Renée.

Abgesehen vom Bau des Hauses gab es noch andere Hürden. Die Straße zum Beispiel: Weil das neue Haus nicht direkt an der Postalmstraße gebaut werden sollte, sondern ein paar Hundert Meter weiter oben, musste eine neue Zufahrt gebaut werden, und zwar vor der Mautstelle, damit Feuerwehr und Krankenwagen ungehindert zufahren können. Das machte die Sache um einiges komplizierter – sie konnten keine gerade Zufahrt bauen, sondern nur eine kurvenreiche, längere.

Die Nachbarn haben auf die Professorin aus Wien und ihre Söhne ganz offen reagiert. Da ist zum Beispiel der Schafbauer Hans, ein Neffe von Peter Wallinger und auch einer der Erben. Seine Schafe weiden auf den Leierhof-Wiesen, dafür mäht er einen Teil der Wiesen, um Futter für seine Tiere zu bekommen. Er hat Renée, Fabian und Constantin viel gezeigt und erzählt, Geschichten vom alten Leierhof, ist mit ihnen durchs Haus, hat geholfen, es auszuräumen. Viele alte Dinge schenkten sie ihm, Fotos, Briefe aus der Kriegszeit von seinen Onkeln, die gefallen sind.

Hias, der Zopfbauer, ist auch einer der Nachbarn. Er hat, sagt Renée, die sagenhafte Bauernschläue und gleich gemerkt, dass es gut ist, sich mit den Neuen zusammenzutun. Er hat den neuen Leierhöflern sehr viel geholfen und ihnen erklärt, wie die Welt da oben funktioniert. Etwa, dass die Leute nach dem Hof geheißen werden, dem Vulgonamen. Der Hias hat auch mit dem Strom geholfen: Die Stromleitungen waren nämlich in einem schlechten Zustand, viel zu niedrige Masten, sodass der Strom oft ausgefallen ist. Fabian hob mit Hias und noch zwei benachbarten Bauern, Georg und Hans, drei Tage lang einen Graben aus, 1300 Meter den Hang entlang, damit die Stromleitungen in die Erde gelegt werden konnten. Die Strommasten waren Geschichte, und ein Jahr danach war ein Motorradunfall – keine Seltenheit, es fahren viele Motorräder auf der Postalmstraße, wegen der Kurven. Ein Helikopter musste kommen. Hätte es noch die Strommasten gegeben, hätte er nicht landen können.

Wasser gab es auch nicht genug oben, wo der neue Leierhof entstehen sollte. Ein Brunnen musste gegraben werden. Renée, die Wissenschaftlerin, ließ sich widerwillig auf einen von den Bauern empfohlenen, ortsbekannten Wünschelrutengeher ein, der Wasseradern aufspüren kann. Der kam und ging die ganze Fläche ab, bis er einen Platz fand und sagte: »Da, ungefähr zehn Meter tief, gibt es zehn bis fünfzehn Kubikmeter Wasser pro Tag.« Es wurde ein zehn Meter tiefes Loch gegraben – was nicht gerade wenig ist –, und tatsächlich gab es dort eine Quelle. Das Wasser musste natürlich getestet werden, Gutachten, Formulare … Jedenfalls ist es sehr gutes Trinkwasser, das heute aus dem Brunnen vollautomatisch in die Leitungen gepumpt wird.

Hürden dieser Art gab es einige: größere wie die Bauernprüfung, Straßen, Brunnen und Elektrizität; kleinere wie die Gründung einer Genossenschaft zum Bau einer Forststraße. Fünf Jahre, vom Kauf bis zum Einzug. Das ist eine Zeit, in der einem schon mal der Atem ausgehen kann. Vor allem solange nicht sicher ist, ob es am Ende wirklich funktioniert.

Wenn wir von Anfang an gewusst hätten, so und so viel Dinge müssen wir machen, und teilweise so aufwendige, dann hätten wir es vielleicht gelassen. Aber ich bin richtig froh, dass wir es gemacht haben. Deshalb ist es gut, wenn man nicht alles plant. Wenn man weiß, welche Schwierigkeiten auf einen zukommen, bekommt man Angst vor den Dingen. Meine Mutter ist so, sie sagt immer: »Mach das nicht, es ist ein Risiko, es kann so viel passieren.« Ich denke da anders. Man soll die Dinge einfach angehen, und wenn Probleme auftauchen, dann löst man sie. Die meisten Probleme sind ja lösbar, wenn man genau schaut. Es gibt wirklich wenige unlösbare Probleme.

Im Mai 2016 übernachteten Renée und ihre Söhne zum ersten Mal auf dem Hof, noch mit Baugerüst und allem. In der Zwischenzeit hatte sich auch herauskristallisiert, wie es mit dem Leierhof weitergehen würde. Die Vorschrift verlangt, dass ein Landwirt oder eine Landwirtin hauptwohnsitzlich dort gemeldet sein muss. Irgendwann im Lauf dieser fünf Jahre reifte nicht nur der neue Leierhof, sondern auch der Entschluss: Renée würde mit ihrem Pensionsantritt im Herbst 2018 dort hinziehen.

Mit diesem Entschluss kam auch die Frage: Was tun? Über diesen Punkt dachte Renée oft und lange nach. Was würde sie tun, alleine hier heroben, womit würde sie sich beschäftigen, was würde ihre Betätigung werden? Bei einem Spaziergang durch die Wiesen begegnete sie einem alten Mann, dem Vater von Nachbarbauer Hias. Er sprach sie an. Ob er Kräuter sammeln dürfe, weil die Wiesen des Leierhofes die einzigen seien, die seit Jahren nicht gemäht worden waren. Auf diesen wilden Wiesen sei unheimlich viel gewachsen, und ob er sich hier bedienen dürfe. »Selbstverständlich«, sagte Renée – aber nur unter einer Bedingung, nämlich: dass er ihr sage, was er sammle und wofür.

So entdeckte Renée die Schafgarbe. Hias senior sammelt diese weiß blühende Pflanze und macht daraus einen Alkoholextrakt. Damit putzt er sich die Zähne, gurgelt, es ist seine Medizin für alles. Renée recherchierte über die Schafgarbe und stolperte über einen Spruch: Die Schafgarbe ist eine ganze Apotheke in einer einzigen Pflanze. Weil sie entzündungshemmend ist, antibakteriell. So begann sie, Schafgarben zu sammeln, sie mit nach Wien zu nehmen und Öl- und Alkoholextrakte daraus anzufertigen.

Nach und nach entdeckte sie weitere Wildpflanzen. Hias senior und ein Kräuterguru namens Hans Burgstaller, der auf der Postalm lebt, zeigten ihr einiges. Sie erfuhr von den Pflanzen, die hier heimisch sind, sie entdeckte Johanniskraut und Gundermann, Zinnkraut und Fichtenwipfel.

Renée wusste: Das ist es. Die Idee für ihre Zeit, wenn sie das ganze Jahr hier heroben leben würde und nicht nur hin und wieder ein paar Tage. Sie würde sich ein Labor einrichten und bergphilosophierende Kräuterhexe werden. Kühe, Schafe, Wild – das alles war ihr eine Nummer zu groß. Sie wollte auch nicht rund um die Uhr an den Hof gebunden sein. Ihr Gedanke war: Was es wenig gibt hier heroben, sind Frauen. Viele Männer sind allein. Aber keine Frauen. Und vielleicht sind die Wildkräuter der Weg, auf dem sich die Frauen die Berge erobern können.

Deshalb besteht der neue Leierhof auch aus zwei Gebäuden. Eines davon ist das Haus, das 2016 fertig wurde. Ein Holzhaus mit schwarz geflämmten Fichtenbrettern als Fassade und großen Fensterflächen – ein uriges Haus und dann aber doch wieder nicht. Modernste Architektur, aber sich so harmonisch an die Umgebung anschmiegend, dass es wirkt, als wäre es schon immer da gewesen. So thront es, aber bescheiden, über dem Ort Abtenau, gibt durch die großen Fenster rundum den Blick frei, vom Dachstein bis nach Bayern rüber, sodass man die unterschiedlichsten Wetterverhältnisse auf einmal sehen kann: Dort hängen schwarze Wolken, da scheint die Sonne, und dahinter hängt der Nebel zwischen den Berggipfeln. Im Inneren ist alles aus unbehandeltem Fichtenholz, die Böden, die

Wände, die Decke, die Stiegen, die Türen. Es duftet so köstlich nach Holz, es ist warm und heimelig, einfach, aber komfortabel eingerichtet. Es gibt schöne, große Badewannen und kuschelige Betten, einen Schreibtisch, der den Blick auf den Dachstein freigibt, und eine Küche, in der Renée, ihre Söhne, die Schwiegertöchter und die mittlerweile fünf Enkeltöchter und -söhne gemütlich Platz haben. Constantin hat einen mächtigen Esstisch gebaut. Aus einer alten Mehltruhe, die früher im alten Leierhof stand.

Hinter diesem Haus versteckt sich Renées Labor. Versteckt, weil es in den Berg hineingebaut wurde. Ein großzügiger Raum mit langen Werkbänken an der Wand, einem Oberlicht, Regalen, in denen getrocknete Blüten und Blätter in Gläsern aufbewahrt werden. Hier ist der Arbeitsplatz der neuen Kräuterhexe, hier zupft sie die Pflanzen, die sie auf den umliegenden Wiesen gesammelt hat, breitet sie auf Küchenpapier aus, um sie zu trocknen, und setzt sie zu Ölen oder Tinkturen an, macht Salben, Tees und Seifen.

Seither entdeckt sie die Landschaft noch einmal, jetzt auf Pflanzenhöhe. Sie liest und recherchiert über die Pflanzen, etwa über den Gundermann, diese unscheinbare, niedrige, blassviolett blühende Pflanze, die nicht nur eine Heilpflanze ist – schleimlösend –, sondern früher anstelle von Hopfen auch zur Biererzeugung benutzt wurde. Bis das Reinheitsgebot kam. Renée und ihre Söhne wollen natürlich wieder Bier brauen, Gundermann-Bier. Und es dann gegen Milch eintauschen.

Der Unterschied zwischen dem Leben am Hof und dem Leben in der Stadt ist nicht nur die Ruhe. Auch der Umgang der Menschen miteinander. Alle sagen, dass die Bauern so verschlossen seien. Es ist das genaue Gegenteil!

Nichts bleibt anonym, alle kennen einander. Unser Hof ist von überall sichtbar, alle waren neugierig, was da jetzt gebaut wurde und passiert. Es ist kaum zu vergleichen. Ein ganz anderes Lebensgefühl. Ich fühle mich hier anders. Ich habe immer gesagt, ich bin ein Stadtmensch. Das stimmt wirklich nicht mehr.

Eisen

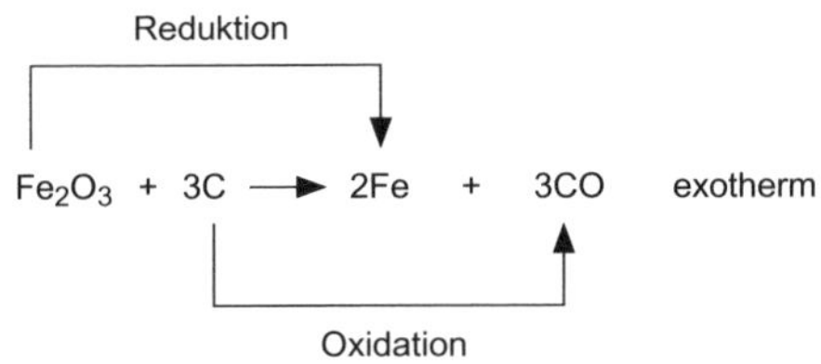

Eisenoxid wird zu reinem Eisen reduziert.

Das Eisenerz in der Gegend von João Monlevade, dem Bergbauherz Brasiliens, ist sehr hochwertig.

Hämatit ist die häufigste natürlich vorkommende Modifikation des Eisen(III)-oxids Fe_2O_3.

Er wird auch Blutstein genannt.

Die Erde rund um João Monlevade ist rotbraun.

KAPITEL 2

Die Auswanderer

Ich habe mich jahrelang überhaupt nicht für meine Herkunft interessiert. Ich dachte mir: Wieso sollte ich mich damit beschäftigen? Mich interessiert viel mehr die Zukunft. Aber meine Mutter ist jetzt 96, und die Gespräche, die wir führen, kreisen immer mehr um die Vergangenheit. Es beginnt mich zu interessieren. Ich merke, es ist doch wichtig.

Mit dem neuen Leierhof schließt sich ein Kreis, der sich lange vor Renées Geburt in Luxemburg geöffnet hatte. Doch er schließt sich nur, wenn man in eine längst vergangene Zeit blickt: Bis ins 19. Jahrhundert war es in Luxemburg nur Adeligen und der Kirche erlaubt, Grund zu besitzen. Die Bauern waren bitterarm und Leibeigene der Grundbesitzer – bis zur Französischen Revolution Ende des 18. Jahrhunderts und der Landreform, die diese hervorbrachte. Mit dieser Reform wurde es den Bauern möglich, selbst Land zu besitzen. Einer der Vorfahren Renées, er hieß Gerard Fischer, heiratete eine Frau aus der Familie Boch, die mit der Porzellan-Dynastie, später Villeroy & Boch. Die Frau hatte zwei Brüder, die sie auszahlten, und mit diesem Geld kauften Renées Vorfahren eine Landwirtschaft: den »Fischerhof« in Zéisseng (französisch: Cessange), früher ein kleiner Ort südwestlich der Stadt Luxemburg, heute ein Stadtteil.

Eugène Fischer war es, der zwei Generationen nach Gerard den Fischerhof übernahm und vergrößerte. Er war der letzte »echte« Bauer am Fischerhof; zu sehen ist er auf einem Gemälde in Renées Wohnzimmer in ihrer Wohnung am Wiener Rudolfsplatz. Das Gemälde selbst ist ein Zeichen dafür, dass er ein wohlhabender Bauer gewesen sein muss, denn es ist ein repräsentatives Gemälde. Es zeigt einen stattlichen Mann im Profil. In einer Hand hält er lässig eine Zigarre, die Finger gelblich verfärbt vom Rauchen. Vom Huttragen sind seine Stirn und die Haut am spärlich behaarten Kopf weißer als die seines Gesichtes, die Haut ist von der Sonne tief gegerbt. Man sieht außerdem die typischen Morbus-Basedow-Augen, »Fischaugen«, wie sie auch einige von Renées Tanten hatten. Ein Symptom, das mit Schilddrüsenproblemen zusammenhängt und in ihrer Familie stark verbreitet ist. Eugène kaufte viele Flächen dazu, er investierte, der Fischerhof wuchs und gedieh. Mit Eugène kam Land in die Familie.

Im 19. Jahrhundert begann auch die Zeit der Industrialisierung. Und gegen Ende des Jahrhunderts entdeckte Luxemburg die Stahlindustrie. Im Süden des Landes gab und gibt es nach wie vor große Eisenerzvorkommen. Die Bauern verpachteten ihr Land und folgten dem Ruf der aufkommenden Industrie in die Fabriken. So auch die Fischerhof-Bauern. Die Ländereien wurden glücklicherweise nie verkauft, denn für die Versorgung der Familie war der Hof auch dann noch wichtig, als die Männer längst nicht mehr auf den Feldern, sondern in den Fabriken standen: Renées Großvater Emile Lavandier, der Vater ihrer Mutter, starb sehr früh und hinterließ Renées Großmutter und Mutter, Annette, die damals drei Jahre alt war. Vom Bauernhof bekamen sie ein bisschen Pacht und gute Bauernprodukte: Milch, Eier, Fleisch, Brot.

Im Lauf der letzten hundert Jahre ist die Stadt Luxemburg extrem stark gewachsen. Die Stadtverwaltung hat nach und nach verlangt, die Gründe des Fischerhofes aufzukaufen, um Flächen für Industrie, Wohngebiete, Straßen und Eisenbahnstrecken zu bekommen. Es wurde fast alles verkauft, rund sechzig Hektar Fläche sind jetzt noch übrig. Der ursprüngliche Fischerhof wurde irgendwann einmal, vor etwa dreißig Jahren, abgerissen, weil er schon sehr verfallen war. Aber ich habe ihn noch erlebt. Immer wieder kam also Geld von einem Grundstücksverkauf. Und das Coole ist: Von dem Geld haben wir den Hof in Salzburg gekauft. Das Geld ist von Bauernhof zu Bauernhof gegangen. Das, was Eugène Fischer angefangen hat, ist nie verloren gegangen, es wurde nur umgewandelt.

Nach der Landwirtschaft entdeckte Luxemburg also den Stahl. Und mit dem Stahl kam die Auswanderung. Diese Geschichte beginnt so: Luxemburgs Zugehörigkeit zum deutschen Zollgebiet wurde 1919 mit dem Versailler Vertrag beendet, was die Industrialisierung Luxemburgs in eine schwierige Position brachte. In diesen Jahren nach dem Ersten Weltkrieg versuchte das Land, neue Exportmärkte zu erschließen, nachdem Deutschland nicht länger als Abnehmer für den Stahl zur Verfügung stand. Außerdem war das heimische Eisenerz stark verunreinigt und nur mühsam aus dem Gestein zu extrahieren. So gründeten Emile Mayrisch und Gaston Barbanson Luxemburgs größtes Stahlkonglomerat: ARBED (»Aciéries Réunies de Burbach-Eich-Dudelange«, übersetzt »Vereinigte Stahlhütten Burbach-Eich-Düdelingen«).

Sie suchten auf der ganzen Welt nach neuen Märkten und Eisenerzvorkommen, wollten expandieren und wurden dabei in Brasilien fündig. Was sie im Urwald Brasiliens entdeckten, war für ihr Vorhaben perfekt: Berge mit reichen Eisenerzvorkommen, einen Fluss für die Gewinnung von Elektrizität, Wald und damit Holz, um zu heizen und zu bauen. Alle Elemente waren da. Für den Anfang übernahmen sie ein bestehendes Stahlwerk in Sabará nahe Belo Horizonte im brasilianischen Bundesstaat Minas Gerais, das ein Tochterunternehmen der ARBED wurde. Die »Companhia Siderúrgica Belgo-Mineira« wurde im Dezember 1921 gegründet; sie sollte ein erstes Standbein sein, bis ein neues, modernes Stahlwerk etwa hundert Kilometer von Sabará entfernt in der Gegend von João Monlevade fertig sein würde.

Zuerst standen die Europäer aber vor einer großen Herausforderung: Das Eisenerzvorkommen in Minas Gerais war zwar reich, doch das Know-how, um es effizient fördern zu können, fehlte an allen Ecken und Enden. Es gab keine qualifizierten Arbeiter, was dazu führte, dass die ganze Unternehmung ins Stocken geriet. Die Euphorie der ARBED wurde stark gedämpft, doch sie erlosch nicht. Louis Jacques Ensch, einer der führenden Ingenieure der ARBED, wurde beauftragt, wieder Schwung in die Sache zu bringen. Was er auch schaffte: Ein Jahr später begann es endlich zu laufen – Ensch hatte neue Manager eingesetzt, sorgte dafür, dass die Mitarbeiter geschult wurden, dass die Qualität der Produkte verbessert wurde und damit auch der Umsatz. Außerdem nutzte er sein Verhandlungsgeschick, mit dem er Brasiliens Präsident Getúlio Vargas die Zusage für günstige Staatsanleihen entlockte und sogar die Erlaubnis, eine Eisenbahn zu bauen. So konnte endlich – inzwischen schrieb man das Jahr 1935 – mit dem Bau des Stahlwerks in João Monlevade begonnen werden.

In den folgenden Jahren verwandelte sich der Urwald João Monlevades in eine Stadt rund um das Herzstück der neuen Siedlung, das Stahlwerk. Diese Verwandlung lief nicht ohne Probleme ab: Allem voran ging es darum, den Minenarbeitern, den Mineiros, ein halbwegs annehmbares Leben zu ermöglichen, im Nichts, fernab ihrer Heimatdörfer. Den Ingenieuren aus Luxemburg war wohl bewusst, dass sie das nur schaffen würden, wenn sie dafür sorgten, den Arbeitern soziale Einrichtungen zur Verfügung zu stellen – nicht ohne den Hintergedanken, dadurch die volle Kontrolle über ihre Arbeitsleistung, ihre Freizeit, ihr ganzes Leben zu erlangen. Einrichtungen wie Häuser, Schulen und Krankenstationen sollten die Verbindung zwischen der ARBED und ihren Arbeitern festigen. Eine Gesellschaft entstand, die sich allein dadurch auszeichnete, dass sie sich durch und für das Unternehmen entwickelte. Eine »Corponation«. Viele der Menschen, die hier lebten und arbeiteten, identifizierten sich voll und ganz mit ihrem Arbeitgeber, waren nicht nur stolz auf die, sondern auch in jeder Hinsicht abhängig von der Fabrik.

Die Stadt João Monlevade, die heute knapp 80 000 Einwohner hat, wurde also aus dem Nichts, mitten im Urwald von Minas Gerais, von einem Stahlkonzern gebaut. Erst waren da nur die Fabrik, eine Bahnstrecke, ein paar wenige, simpel gebaute Häuser. Einheimische Mineiros, die dort lebten und arbeiteten. Und dann waren da noch die Europäer, die in Brasilien einen Neuanfang suchten.

Meine Eltern. Sie waren schon gemeinsam im Kindergarten. Mein Vater, François Schroeder, Jahrgang 1922, ist in die deutsche Armee eingezogen worden, war an der Krim. Er ist nach dem Krieg nach Zürich gegangen, er hat auf der ETH Elektrotechnik studiert. Über den Krieg hat er nie gesprochen. Meine Mutter, Annette (Netty) Lavandier, ist 1923 geboren, mit drei wurde sie Halbwaise, sie wollte immer studieren, aber weil sie als »deutschfeindlich« eingestuft war, durfte sie während der Kriegs- und Besatzungszeit nicht zur Schule gehen, sondern war im Arbeitsdienst. Sie wurde eingedeutscht, bekam von den Nazis auch einen deutschen Namen: Anna Donkel. Als deutschfeindlich galt sie, weil sie Lippenstift trug, aber ein gutes deutsches Mädel sich nicht schminkt.

Sie war frech und mutig. Sie hat einmal einen Menschentransport auf der Straße gesehen, die Nazis haben Leute weggebracht, da sah sie ihre Großmutter unter den Menschen, ist kurzerhand hin und hat sie vom Wagen heruntergezogen. Niemand hat meine Mutter aufgehalten, sie hat die Großmutter gerettet, die aber von diesem Tag an kaum mehr gesprochen hat. Meine Mutter sagte immer, sie sei wie eine Kerze erloschen, immer weniger geworden und bald darauf gestorben. Keiner weiß, was genau mit ihr passiert war.

Meine Mutter war jedenfalls im Arbeitsdienst, musste Tabletten nehmen, damit sie nicht die Regel kriegt, und hat das verweigert. Eine Aufseherin hat im Umkleideraum bemerkt, dass sie blutet, hat ihre Hose genommen, sie herumgezeigt: »Schaut, dieses ist kein gutes deutsches Mädel und erfüllt nicht ihre Pflicht.« Die Nazizeit hatte starke Auswirkungen auf meine Mutter. Sie war vier Jahre, ihre Jugendjahre, im Arbeitsdienst und durfte in dieser Zeit natürlich nicht in die Schule gehen. Danach hatte sie immer das Gefühl, dass sie nicht mehr lernen kann. Man hat ihr später die Matura nachgeschmissen, so sagt sie immer; aus Mitleid sollten sie die Matura kriegen, die Armen. Sie ist auch nach Genf zum Studieren gegangen. Ihr Traum war immer, Innenarchitektin zu sein. Aber sie hat sich nicht getraut, eine Prüfung zu machen.

Sie hatte einfach zu große Angst davor, kein Vertrauen in ihr Wissen, da bringt ein geschenktes Maturazeugnis auch nichts.

Es waren insgesamt zwischen vierzig und fünfzig Familien aus ganz Europa – Luxemburger, Deutsche, Franzosen, Polen –, die nach Brasilien ausgewandert sind, dem Stahl hinterher, in die neue, verheißungsvolle Fabrik mitten im Urwald Brasiliens. Die Auswanderer fingen von null an, sich ein Leben aufzubauen. Von null, das hieß aber auch: ohne Nazis, ohne »Deutschfeindlichkeit«, ohne den gerade überstandenen Krieg, ohne Besatzungsmächte.

Die Schroeders wanderten 1951 nach João Monlevade aus, zwei Jahre nach ihrer Heirat und nur wenige Monate nach der Geburt ihrer ersten Tochter, Renées Schwester Jeannette, im März 1951. Als sie in der Normandie das Schiff nach Rio de Janeiro bestiegen, war das kleine Mädchen sechs Monate alt. Zwei Wochen waren sie auf See unterwegs. In Rio verbrachte die Familie eine Zeit der Eingewöhnung, in der das Baby Durchfall bekam und ins Krankenhaus musste. Für die Schroeders war das ein Abenteuer. Vor allem für Renées Mutter Annette.

So wie ich sie wahrnehme, ist sie ein bisschen eine Prinzessin: immer schön gekleidet, immer adrett und exakt. Das alles war für sie ein großes Abenteuer, sie wollte einfach nur weg nach dem Krieg. Weg von dem Namen, Anna Donkel. Mein Vater hat immer gewitzelt: Anna donkel, Anna hell, Anna nass und Anna trocken. Er hieß im Krieg Franz statt François, wurde in die deutsche Armee eingezogen. Ich glaube, die haben so viele furchtbare Dinge erlebt, dass sie das Auswandern gar nicht so als Überwindung gesehen haben, sondern als Verheißung, obwohl sie in eine Gegend gingen, in der es kaum asphaltierte Straßen gab, wenig Infrastruktur, mitten im Urwald.

Damals waren es keine 2000 Menschen, die in João Monlevade lebten, umgeben von Wildnis, Staub und Dreck, der vom Eisenerz typisch rotbraunen Erde. In der Regenzeit war die einzige Straße, die nach Belo Horizonte, die Hauptstadt des Bundesstaates, führte, eine Lehmstraße, unpassierbar, man konnte nur mir Mini-Flugzeugen hin- und zurückgelangen. Und selbst ohne Regen dauerte es einige Stunden, um von João Monlevade nach Belo Horizonte zu gelangen. Eine Eisenbahnstrecke wurde bis an die Küste gebaut, um den Stahl zum Meer transportieren zu können.

Renées Vater François Schroeder war Elektrotechniker. Er hatte den Auftrag, die Elektroinstallationen im Stahlwerk zu bauen und sich um deren Wartung zu kümmern. Es gab einige Familien wie sie, Luxemburger, die in Kolonialhäuschen lebten, portugiesisch anmutend, aus Ziegeln, mit einem kleinen Garten. Wohl litt Annette, vor allem zu Beginn ihres neuen Lebens, bekam Asthma vom roten Staub, der sich über alles legte, eine Begleiterscheinung des Erzabbaus. Gedanken über die Umwelt machte sich in den frühen 1950er-Jahren niemand, ungefiltert wurden Abgase aus den Schornsteinen der Fabrik geblasen. Trotzdem schien ihr die neue Umgebung gutzutun; sie genoss das einfache Leben in Brasilien, obwohl – oder gerade weil – hier alles anders war als in Europa.

Obst, Gemüse, Fleisch, Milch und Brot konnte man von Lieferanten aus den nächstgelegenen Dörfern und Siedlungen kaufen, die João Monlevade regelmäßig besuchten. Für Eier hatten die Schroeders eigene Hühner, einen eigenen Stall, hinten im Garten. Brauchten sie etwas Besonderes wie etwa Kleidung oder Möbel, mussten sie die aufwendige Fahrt nach Belo Horizonte auf sich nehmen, die Stunden über die lehmige Straße.

Wie alle Häuser João Monlevades hatte auch jenes der Schroeders einen Wassertank oben auf dem Dach, daraus kam das Wasser zum Duschen, zum Kochen und – sofern es lange und gründlich abgekocht war – auch zum Trinken. Hinter dem Haus gab es einen Platz zum Wäschewaschen. Über eine schiefe Fläche konnte man das Wasser aus dem Tank laufen lassen und dort die Wäsche sauber rubbeln. Es gab Clubs für die Ingenieure, Techniker und ihre Familien, eine Arbeitergewerkschaft und Barbecues, ein Schwimmbad und Schulen, ein Fußballteam, ein Krankenhaus.

Die Leute waren glücklich. Die Schroeders waren glücklich. Europa, der Krieg und die Besatzung waren von hier aus nur noch eine Erinnerung. Am 18. Mai 1953, keine zwei Jahre nach der Ankunft der Schroeders in Brasilien, wurde im kleinen Krankenhaus von João Monlevade ihre zweite Tochter geboren, Renée.

H_2O

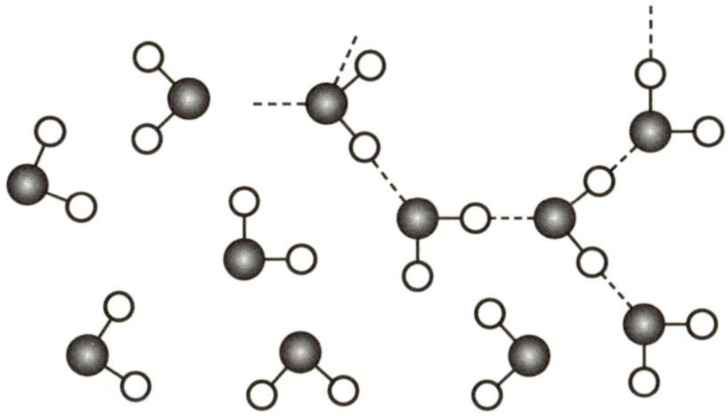

Die Moleküle des Wassers sind über Wasserstoffbrückenbindungen verbunden.

Diese Bindung ist eine sehr schwache chemische Wechselwirkung zwischen Molekülen, die leicht auf- und zugeht, dynamisch ist, 300-mal schwächer als eine normale chemische Bindung.

Sie führt dazu, dass Stoffe sich in Wasser lösen. Das Wasser erhält dadurch eine Struktur.

Ohne diese Eigenschaft gäbe es kein Leben. Oder: wäre das Leben ganz anders.

KAPITEL 3

Eine Kindheit in Brasilien

Renées Leben begann in einer aus dem Nichts entstandenen Stadt rund um eine Stahlfabrik, mitten im Urwald. Es gab keine anderen Siedlungen weit und breit, keine einheimische Bevölkerung, abgesehen von den Mineiros, die für das Stahlwerk arbeiteten. Sie kam im Krankenhaus von João Monlevade zur Welt, am 18. Mai 1953. Eine unkomplizierte, rasche Geburt. Sie war auch ein unkompliziertes Baby, wurde ein wildes Kind, war gerne draußen, fand rasch Anschluss, war voller Energie.

Renée wuchs im Sprachenmischmasch der Familien auf, die in João Monlevade wohnten. Zu Hause wurde bei den Schroeders Luxemburgisch gesprochen, rundherum Portugiesisch. Ihre Spielgefährtinnen und -gefährten waren hauptsächlich Einwanderer, sprachen Französisch, Deutsch, Polnisch – interessanterweise, erinnert sich Renée, waren es die Polen, die am besten und schnellsten Portugiesisch lernten; das liege, vermutet sie, daran, dass Polnisch eine so schwierige Sprache sei.

Wir hatten ein Hausmädchen, daran kann ich mich erinnern. Sie hieß Maria, komischerweise hießen die meisten der Hausmädchen Maria. Sie hat die Wäsche ge-

waschen, Hühner getötet und gerupft. Wir wohnten im letzten Haus einer steilen Straße, an deren Ende gleich der Urwald begann. Unter den Kindern der Nachbarschaft kursierten Horrorgeschichten über den Wald, über Affen, Schlangen und andere wilde Tiere. Wir hatten ein Spiel, zusammen mit den Nachbarsbuben, den vier Söhnen der Meyers, das war witzig: Wir sind immer draußen gewesen, sind langsam in den Urwald hinein, bis einer geschrien hat: »Eine Schlange!« Dann rannten wir schreiend weg, zurück ins Haus, und sperrten die Türe zu, bis wir uns wieder hinausgetraut haben, wieder in den Wald. »Ein Löwe!« Und wieder ins Haus. Wir liebten dieses Spiel, weil es kribbelte; weil uns gesagt wurde, dass wir nicht in den Wald gehen sollen. Aber man muss sich doch trauen!

Zu Renées frühesten Erinnerungen gehört eine Augenoperation, der sie sich unterziehen musste, als sie gerade zwei Jahre alt war. Renée war stark schielend zur Welt gekommen; operativ wurde versucht, die Augenmuskeln anzuziehen. Ein Auge war träger als das andere, weshalb Renée das »gute« Auge zugeklebt wurde, um das »schlechte« zu trainieren. Monatelang musste das kleine, wilde Mädchen mit einem Augenpflaster herumrennen, die Operation im Krankenhaus von Belo Horizonte blieb ihr aber nicht erspart.

Die Operation war schrecklich. Es gab damals nur diese grausliche Äthernarkose. Ich bekam eine Maske auf die Nase, aus stinkendem Gummi, und ich erinnere mich, dass ich noch mitbekommen habe, wie der Arzt mir ins Auge fuhr. Nach der Operation habe ich gekotzt und gekotzt. Die Medizin war damals noch nicht so weit. Das lag aber nicht an Brasilien, in Europa war es das Gleiche. Im Gegenteil, die Medizin in Brasilien war sogar sehr gut – in Europa hat man diese Art von

Operation zu der Zeit noch gar nicht gemacht, sondern die Kinder einfach schielen lassen. Für mich war diese Operation jedenfalls irgendwo ein traumatisches Erlebnis. Ich schiele nach wie vor, aber nicht mehr so stark. Wenn ich müde bin, wandert mein Auge auf die Seite. Die Operation hat zwar geholfen, trotzdem kann ich nicht dreidimensional sehen.

Als Renées Schwester schulpflichtig wurde, 1957, zog die Familie in die Hauptstadt der Region, nach Belo Horizonte, etwa 140 Kilometer von João Monlevade entfernt – die Schule in João Monlevade war doch sehr primitiv. In Belo Horizonte hatte das Stahlwerk eine weitere Niederlassung mit Büros. Viele der Familienväter fanden dort Arbeit, so auch François Schroeder. Während der ersten Zeit wohnten die Schroeders in einer Mietwohnung in der Rua Rio de Janeiro. Sie bauten zeitgleich ein Haus, in das sie zogen, als Renée in die Schule kam, in der Rua Dona Salvadora 92 im Stadtteil Serra.

Renées Vater hatte nach seiner eigenen Vorstellung ein genaues Konzept für dieses Haus entwickelt. Es war klein, aber sehr wohnlich. Es gab ein großes Wohn-Esszimmer und drei Schlafzimmer. Eines davon wurde Renées erstes eigenes Zimmer. Hinter dem Haus ging es hinunter in den Garten, über eine Veranda, auf der Renées Vater am Wochenende oft Aquarelle malte. Er war ein sehr begabter Maler, von seinen Aquarellen sind noch viele erhalten. Jede Lebensstation der Schroeders wurde im Lauf der Zeit in Aquarell festgehalten: Brasilien, später auch Österreich und Südfrankreich. Im Bügelzimmer, neben der Veranda, entwickelte Renées Vater nachts Fotos, die er selbst geschossen hatte. Für Renée war das sehr aufregend. Aus den Fotografien und Aquarellen François Schroeders entstanden üppige Fotoalben.

Renée liebte die Veranda. Hier züchtete sie ihre ersten Kräuter, in alten Konservendosen. Sie hatte auch einen Käfig mit Wellensittichen und Kanarienvögeln. Es gab auch einen Schäferhund namens Ari das Alterosas alias Pitty. Im Seitenhof neben der Küche ging es zum Zimmer und Badezimmer des Dienstmädchens, das nicht Maria hieß, sondern Efigenia. Sie blieb bei den Schroeders, bis diese Brasilien wieder verließen.

In Belo Horizonte war es immer warm. Nicht heiß, denn es liegt auf fast 1000 Metern Seehöhe, aber immer sommerlich. Nur ganz sacht deuteten sich die Jahreszeiten an; so waren im Herbst alle Blätter violett, fielen aber nie von den Bäumen. Im Juni und Juli, den Monaten, in denen es theoretisch Winter war, sanken die Temperaturen in der Nacht hin und wieder auf zehn Grad, eine Heizung brauchte man nicht. Zur Regenzeit, Februar oder März, war alles saftig grün. Das Klima war gut, immer angenehm.

Renée hatte keine Strümpfe. Sie lief ohnehin lieber barfuß herum. Oft trat sie in etwas hinein, manchmal auch in einen Nagel. Es war ein Sport unter den Buben, herumliegende Früchte mit Nägeln zu präparieren, sodass jemand hineinstieg und sich verletzte. Abgesehen von diesen Bubenstreichen gab es keine Kriminalität auf den Straßen. Renée war immer draußen unterwegs. Auch ihren Schulweg legte sie von Anfang an alleine zurück.

Nach einem Jahr in der Vorschule kam Renée genau wie ihre Schwester ins Sacré Coeur de Marie, eine katholische Privatschule. Auf dem Schulgelände gab es neben dem Hauptgebäude ein weiteres Gebäude, komplett getrennt; darin war die Schule für die Armen untergebracht, mitfinanziert vom Schulgeld der Privatschüler.

Arg, dass das so getrennt war, eine eigene Schule für die Armen. Damals ist mir das nicht so aufgefallen, man stellt als Kind so etwas nicht infrage. Arm oder reich. Die Favelas waren rund um uns herum, aber ich habe das nicht als schlimm in Erinnerung. Das war es damals auch noch nicht, nicht so wie heute, wo die Favelas richtige Bezirke sind, am Rand der Großstädte. Damals war da eben ein Haus, noch ein Haus und dann ein Grundstück, auf dem ein illegales Haus hingebaut wurde. Niemand hat sich daran gestört. Heute ist das undenkbar. Die hatten sogar Strom, wahrscheinlich angezapft. Ich denke manchmal, Armut ist heute viel grausamer als damals.

Viele der Luxemburger Familien, die nach João Monlevade ausgewandert waren, zogen genau wie die Schroeders wegen der Schulen nach Belo Horizonte – auch Renées beste Freundinnen Claudine und Gaby, mit denen sie viel unternahm. Die Zeit in Belo Horizonte war für Renée eine prägende. Vorschule, vier Jahre Volksschule, ein Jahr Vorbereitung fürs Gymnasium und ein Jahr Gymnasium: Sieben Jahre verbrachte sie dort. Für eine 13-Jährige ein Großteil ihrer Biografie. Das Leben in Belo Horizonte war für Renée einfach und schön. Sie konnte überall zu Fuß hingehen, viel schwimmen, ging gern in die Schule, spielte mit den Nachbarskindern auf der Straße.

Die totale Freiheit.

Einmal die Woche fuhr sie in den Französischkurs, mit dem Bus. Weil die Inflation zu der Zeit bei fast 1000 Prozent lag, wusste ihre Mutter nie, wie viel Geld sie Renée mitgeben sollte. Fünf Cruzeiros, dann siebzig, innerhalb von einem Jahr. Als ihr Vater in Brasilien anfing, verdiente er 5000 Cruzeiros, am Ende waren es sechs Millionen. Sie scherzten darüber: Was für ein Aufstieg! Innerhalb von wenigen Jahren zum Millionär!

Es war der Anfang der 1960er-Jahre, und Renée wollte unbedingt Astronautin werden. Es war die erste Zeit der Raumfahrt, Juri Gagarin war auch für sie ein Held. Renée zog sich ein Sakko an und spielte, sie sei er.

Damals ging ich auch in den Erstkommunionsunterricht. Ich war sechs oder sieben Jahre alt. Anfangs war ich noch gläubig. Die Nonne sagte zu uns, Gott habe für uns Mädchen zwei Dinge vorgesehen: Entweder wir heiraten und kriegen Kinder, oder wir gehen ins Kloster und werden Nonnen. Das sind unsere beiden Optionen. Und wir müssen gut überlegen und herausfinden, was Gott für uns vorgesehen hat. Denn er wird uns keine starken Zeichen geben, nur ganz leichte, wir müssen sehr aufmerksam sein, damit wir wissen, was Gott für uns vorgesehen hat – denn wenn wir das Falsche machen, ist unsere Seele verloren. Ich war entsetzt! Und ich habe gefragt: »Was heißt das bitte? Was ist die Seele?« Aber die Nonne hat mir nicht antworten können.

Das werde ich nie vergessen. Und deshalb habe ich Gott nicht mögen. Beim Abendessen habe ich mich fürchterlich darüber beschwert, und mein Vater sagte: »Du, wenn du groß bist, kannst machen, was du willst, und brauchst nicht auf Gott hören.« Und ich habe mir gedacht: Mein Vater, der weiß das sicher besser als dieser Gott. Auf dem Weg zur Schule kam ich jeden Tag an einer kleinen Kirche vorbei, vor der eine Jesusstatue stand. Ich habe zu dieser Statue immer gesagt: »Du Trottel.« Ich dachte mir: Jetzt ist meine Seele eh verloren, jetzt ist es schon wurscht. Und außerdem hat mein Vater gesagt, dass ich machen kann, was ich will.

Renées Eltern waren katholisch erzogen worden, aber nie religiös gewesen. Kirchgänge oder Beten gab es in der Familie Schroeder nicht. Renées Vater sagte: »Gott hat nicht den Menschen erschaffen, es ist umgekehrt.« Was er damit meinte, konnte sie erst später verstehen.

Ich denke, das Schlimme an der Erfindung der Religionen war der Monotheismus. Damit kamen die Macht und die Männer, die als göttlich behandelt werden sollten, die Päpste und die Könige.

Brasiliens Gesellschaft war in den 1960er-Jahren sehr stark patriarchalisch. Doch die Kirche war ganz anders. Es war laut, es wurde gesungen, es waren nicht nur Männer, die predigten, sondern es gab auch Voodoo-Frauen. Die afrikanische Kultur, die einst mit den Sklaven nach Brasilien gekommen war, mischte sich mit der katholischen Religion der christlichen Einwanderer. Renée war entsetzt, als sie später nach Österreich kam. Hier hieß es in der Kirche plötzlich: nicht reden, sich ducken, unterwürfig sein und ja nicht laut oder lustig. Kirche fühlte sich für Renée in Brasilien anders an, denn sie war dort eine Opposition zur Regierung. In Österreich, so sollte Renée später erkennen, war es umgekehrt.

In Österreich richtete sich – und richtet sich noch heute – die Regierung nach der Kirche. In Brasilien hatten die Kirchen kein Geld, die Gebäude waren irgendwelche Hütten. In Österreich ist die Kirche das reichste Unternehmen, allein den Wert ihrer Immobilien kann man sich kaum vorstellen. Aber die Kinder gehen auf die Straße betteln für den Stephansdom – und das steuerfrei. Österreich ist kein säkularer Staat.

In Belo Horizonte besuchte Renée den Religionsunterricht. Dort nahmen sie auch die Geschichte von Noah und seiner Arche durch. Renée hörte von Gott, der auf die Erde blickte und, weil ihm nicht gefiel, was er sah, eine Sintflut schickte, um alle Menschen umzubringen. Der strafende Gott: Die Geschichte gefiel Renée gar nicht. Sie dachte daran, was sie über Deutschland gehört hatte – es war die Zeit des Baus der Berliner Mauer –, über die Folgen des Krieges, über Hitler und die Nazi-Verbrechen. Renée dachte nach und sagte zum Religionslehrer, einem Pfarrer: »Gott und Hitler, die sind ja ident!« Der Pfarrer wurde böse, nahm Renée hinaus, befahl ihr, dass sie so etwas nie wieder sagen dürfe. Renée war verwundert, schließlich hatte er Gott genau so beschrieben, wie Hitler beschrieben wurde: der böse, strafende Mann, vor dem die Menschen flüchten, mit dem Schiff, auf der Suche nach einer neuen Heimat.

Die Schule gefiel Renée aber. Der Unterricht war sehr fortschrittlich in ihrer Schule – katholisch hin oder her. Es gab in den meisten Fächern keinen Frontalunterricht, die Schülerinnen machten sich vielmehr selbst auf die Suche nach Antworten zu einer Frage. Sie gingen der Frage nach, recherchierten dazu in Büchern, befragten Erwachsene und präsentierten dann ihre Ergebnisse der Klasse. Ein lustvolles, eigenständiges Lernen, das frei von Angst und Notendruck war.

Vor allem der Geschichtsunterricht begeisterte Renée, sie war fasziniert von der Geschichte der Ureinwohner Brasiliens und der Eroberung durch die Portugiesen. Vom Bau Brasílias. Sie hörte auch viel über den Zweiten Weltkrieg. Genau genommen habe sie in Brasilien mehr Wahrheiten gehört als später in Österreich, wo die Lehrbücher mit dem Ersten Weltkrieg endeten: Versailles, danach war die Geschichte aus. Und die Heimkehrenden waren die Armen, niemals die Verbrecher. In Brasilien hörte sich die Geschichte anders an. Da gab es jene, die vor den Nazis geflohen, aber auch viele deutsche Nazis, die nach dem Krieg abgehauen waren – und einen schweren Stand hatten, regelrecht gemobbt wurden.

Der Geschichtsunterricht beschränkte sich nicht auf Brasilien oder Südamerika, sondern war tatsächlich Weltgeschichte. Dadurch wurden ihr früh Zusammenhänge klar. Wie etwa, dass Stahl aus João Monlevade zur Kriegszeit für die deutsche Waffenindustrie exportiert wurde. Auch über Korruption diskutierten sie in der Schule viel. Darüber, dass es unvorstellbar reiche Leute in Brasilien gab, die Privatflugzeuge hatten und Farmen. Und dass andere arm waren, wie stark diese Schere auseinanderging.

Diese Zusammenhänge zu kennen, ist unheimlich wichtig, aber natürlich auch beängstigend. Die allgemeine Angst vor dem Kommunismus war enorm, was ja auch verständlich ist bei dem, was man alles von Stalin gehört hat. Die Welt war in West und Ost geteilt, man hörte auch außerhalb Europas oder Nordamerikas nur die jeweilige Propaganda. An die Kubakrise kann ich mich gut erinnern, da hatten auch in Brasilien viele Angst: Jetzt kommen die Kommunisten! Dabei wusste eigentlich niemand so genau, was das überhaupt bedeutete. Es gab diese zwei großen Ängste: vor den Nazis und vor den Kommunisten, diese beiden Extreme.

Dass die Lage politisch instabil war, merkte man auch an den Reaktionen auf Kennedys Tod. Ich war an dem Tag nachmittags in der Schule, und der Hauswart kam herein: »Große Krise! Kennedy ist erschossen worden!« Die Schule war sofort aus, keiner wusste: Bricht da jetzt ein Krieg aus, oder was? Ich bin nach Hause gelaufen, und meine Mutter fragte mich: »Was machst du hier?« Ich sagte: »Kennedy ist erschossen worden.« Sie schimpfte mich, ich solle so etwas nicht sagen, so etwas dürfe man nicht er-

finden. Sie hat mir nicht geglaubt, keiner hatte ein Radio, geschweige denn einen Fernseher. Fernsehprogramm gab es ohnehin nur abends von 18 bis 21 Uhr. Wir hatten auch kein Telefon, obwohl mein Vater gut verdiente, es war einfach nicht üblich. Erst als mein Vater abends nach Hause kam und den Kennedy-Mord bestätigte, war klar, dass es stimmte. Wir hatten drei Tage schulfrei, weil alles so unübersichtlich war.

Der Arbeitsvertrag von François Schroeder sah keinen Jahresurlaub vor, dafür alle drei Jahre einen dreimonatigen Aufenthalt in Europa. Bezahlt von der ARBED. Alle drei Jahre fuhr die Familie also in die alte Heimat. Renée besuchte Luxemburg das erste Mal 1954, als Einjährige. Erste Erinnerungen hat sie daher erst an ihre nächste Reise, 1957. Diese war die erste Reise, die nicht per Schiff, sondern bereits mit dem Flugzeug unternommen wurde. Es war ein 24-Stunden-Flug, von Rio de Janeiro nach Paris. Weil die Maschinen nicht so lange in der Luft bleiben konnten, gab es Stopps in Recife, Dakar und Madrid. Immer im gleichen Flieger, hinauf und wieder hinunter. Eine Tortur.

In Europa war alles anders. Geordnet. Sauber. Da waren meine Großmutter und meine Tanten, die mich immer mit in die Konditorei nahmen und mich mit Kuchen vollstopften, sodass ich, wie jedes Mal, wenn wir in Europa waren, ordentlich zugenommen habe.

Die Rückreise 1957 trat die Familie mit dem Schiff an. Die Schiffsreise, das war ein Highlight. Zehn, vierzehn Tage auf dem Schiff, mit vielen Kindern aus allen möglichen Ländern, die meisten aus Argentinien. Renée fand heraus, dass sie sich mit ihnen auf Spanisch unterhalten konnte, wenn sie alle nasalen Laute des Portugiesischen auf »jon« änderte. Die Kinder verstanden sie tatsächlich.

Im Nachhinein denke ich mir: Ich war sehr sprachbegabt. Zum Beispiel habe ich nicht erst im Sprachkurs Französisch gelernt, sondern schon davor eines Tages den Mund aufgemacht und Französisch geredet. Ich habe es vom Luxemburgischen, das ja eine Mischung aus Deutsch und Französisch ist, abgeleitet. Mit den argentinischen Kindern auf dem Schiff war es genauso: Ich habe die ganzen Tage mit ihnen gespielt und verstand nachher Spanisch. Ich kann es zwar nicht richtig sprechen, aber verstehe alles, bis heute.

Bei der nächsten Europareise, 1960, war Renée sieben Jahre alt. Damals flogen sie das erste Mal mit einer Boeing, mit einem Jet. Die Reise schrumpfte auf einen 9-Stunden-Flug – theoretisch.

Das Flugzeug hatte aber 16 Stunden Verspätung, die mussten wir am Flughafen absitzen, und damit waren wir wieder 25 Stunden unterwegs. Ich weiß noch, dass ich mir damals dachte: Na, das bringt's.

In Europa war während dieser Reise Winter, Dezember, in Brasilien natürlich Hochsommer und heiß, und Renée musste sich zu etwas überwinden, was sie hasste: sich warm anzuziehen. Ihre Mutter verpasste ihr einen Rock aus einem neuartigen Material, Tergal. Es war ein Rock aus Wolle, gemischt mit dieser Kunstfaser, und Renées Mutter schwärmte dafür, weil er nicht knitterte. Renée für ihren Teil hasste das kratzende, heiße Ding.

In Frankreich war in der Zwischenzeit eine Währungsumstellung passiert, vom alten Franc auf den Nouveau Franc, hundert alte wurden zu einem neuen Franc. Mein Vater hatte das nicht im Sinn, als er am Flughafen dem Gepäckträger ein Trinkgeld gab und dieser auf einmal extrem freundlich wurde. Er besorgte uns einen Bus, der uns bis zum anderen Pariser Flughafen brachte, von dem aus wir weiter nach Luxemburg flogen. Meine Mutter fragte: »Wie viel hast du ihm denn Trinkgeld gegeben? Du weißt schon, dass das Nouveau Francs sind?«

1964 war Renées letzte Europareise – die wichtigste. Denn die Familie blieb diesmal nicht durchgehend in Luxemburg, sondern reiste quer durch Europa, nach Ägypten und Syrien, in den Libanon und nach Israel, ins damals noch geteilte Jerusalem. Nach Zypern wollten, aber konnten sie nicht fahren, weil damals noch Krieg war. Diese Kulturen zu sehen, war für Renée wichtig und prägte sie stark. An viele Details dieser Reise erinnert sie sich bis heute, wie etwa daran, dass sie beobachtete, wie in Haifa eine Straße gebaut wurde für die Ankunft des Papstes.

Nach drei Monaten kam Renée voller neuer Eindrücke nach Brasilien zurück. »Na, ewig werden wir nicht hierbleiben«, sagte Renées Mutter eines Tages und kündigte damit die Rückkehr nach Europa an. Nach 15 Jahren Brasilien wollten Renées Eltern wieder in die alte Heimat Europa.

Es gab wohl diesen Zeitpunkt, den sie nicht übersehen wollten, ehe mein Vater zu alt gewesen wäre, um noch einen Job zu bekommen. Zusätzlicher Anlass war der Militärputsch, auch wenn wir davon nicht unmittelbar viel gespürt haben. Aber es gab zum Beispiel diesen Schulpfarrer, der eines Tages verschwunden war, und es hieß, er sei ins Gefängnis gekommen, weil er einen Kommunisten unter dem Bett versteckt hatte. Es war komisch. Als Kind bekommt man das nicht so mit, aber mir war klar, dass Wahlen waren, dass der Präsident abgesetzt worden war und dass es Repressalien gab. Und es waren einige Kinder von Bekannten meiner Eltern ins Gefängnis gekommen. Dann war irgendwann klar, dass wir gehen.

Renées Vater machte sich auf Jobsuche. Renée, 13 Jahre alt, fand die Aussicht auf ein neues Land »cool«. Für sie war es vielmehr aufregend als traurig. Es waren eher ihre brasilianischen Freunde, die betrübt waren, dass sie ging, die sagten: »Oh je, du musst die Heimat verlassen.« Unter ihnen auch ihre beste Freundin Claudine. Was die beiden Mädchen damals nicht wussten: Claudine und Renée würden sich in den 1980ern in Paris wieder treffen, sie sollten zur gleichen Zeit ein Kind bekommen, einen Fabio und einen Fabian – und sie sollten nie den Kontakt zueinander verlieren.

Tetrahydrocannabinol

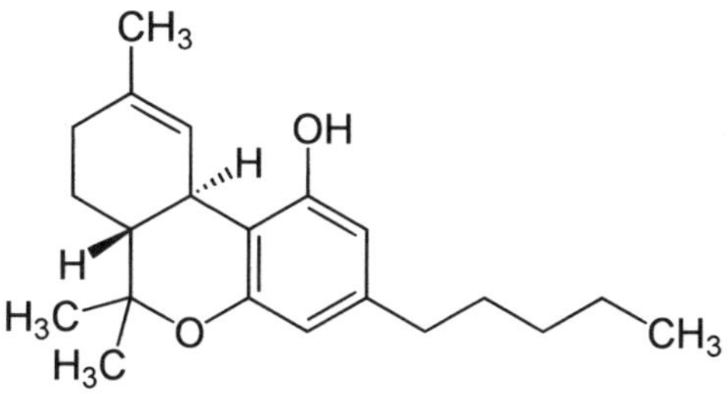

Tetrahydrocannabinol ist ein farbloses Öl, das im Harz der Cannabispflanze vorkommt.

Seine chemische Struktur und Wirkungsweise wurde in den 1960ern entdeckt.
Seit 1963 unterliegt es in Österreich dem Suchtmittelgesetz.

Für die 68er-Bewegung wurde Cannabis ein Symbol für Frieden, Toleranz und neues, erweitertes Bewusstsein. Cannabis zu rauchen war wie ein stellvertretender Protest gegen die konservative, bürgerliche und spießige Lebensart.

KAPITEL 4

Bruck an der Mur

Im Mai 1965 verließen die Schroeders Belo Horizonte. Sie reisten in der Welt herum, dem Vater hinterher, der auf Jobsuche war. Brasília, Mexiko-Stadt, New York, Oakland, San Francisco – es waren einige aufregende Städte dabei. Und dann entschied sich François Schroeder für einen Job in Bruck an der Mur. Renées Mutter war entsetzt. Direkt neben dem Eisernen Vorhang!

Von April bis August 1966 sind wir durch die Welt gereist, meinem jobsuchenden Vater hinterher. Er hatte ein Angebot in Buenos Aires, dann eines in Oakland. Oakland, direkt vis-à-vis von San Francisco, und das im Jahr 1966! Ich habe sehr die Daumen gehalten, dass er sich dafür entscheidet. Auch in New York oder Montreal hatte er Gespräche. Dann ging es weiter nach Belgien, Gent, wo es auch sehr viel Stahlindustrie gibt. Der ARBED gehörte auch die Firma Felten & Guilleaume in der Nähe von Bruck an der Mur, das ist er sich auch anschauen gegangen, diesmal ohne uns. Und hat sich dafür entschieden. Dann musste er uns mitteilen, dass wir jetzt nach Österreich gehen. Ich wusste nicht einmal, wo Österreich genau ist. Meine Mutter war zuerst total dagegen, weil Österreich für sie zu nah bei den Kommunisten war. Es lag ja direkt neben dem Eisernen Vorhang, 1966 war diese Angst gar nicht so weit hergeholt. Aber Bruck an der Mur war entschieden, und wir mussten anfangen, Deutsch zu lernen.

Ein Jahr verbrachte Renée in Luxemburg – die Wohnung in Bruck war noch nicht fertig, außerdem war es als eine Art Pufferjahr gedacht, in dem Renée und ihre Schwester Deutsch lernen sollten. Sie wohnten in Luxemburg-Stadt, bekamen zweimal die Woche Deutschunterricht, zusätzlich zur Schule, wo Französisch und Deutsch gemischt unterrichtet wurden. Deutsch lernte Renée rasch, die Schule selber erlebte sie als schrecklich. Es war eine altmodische, religiöse Einrichtung. Renée musste zudem Prüfungen ablegen, um überhaupt aufgenommen zu werden. Mathematik und Französisch schaffte sie, Deutsch nicht, wie denn auch. Sie wurde dennoch aufgenommen. Die Schule lag im Zentrum Luxemburgs; Renée, ihre Schwester und ihre Cousinen, Zwillinge, gingen in die gleiche Schule. Es gab also Kontakt zur Familie, den Großeltern, der Tante; es waren gute Umstände und eine gute Zeit, um sich in Europa einzuleben.

Im Winter 1966/67 sind wir dann zum ersten Mal nach Bruck an der Mur geflogen, um meinen Vater zu besuchen. Ich kann mich gut an den ersten Eindruck erinnern, den ich von Bruck hatte: Es war alles schwarz, dreckig und finster; die Leute waren unbunt und verschlossen, sie redeten so leise miteinander. Es war das genaue Gegenteil von Brasilien. Auch in Luxemburg war alles lebendiger, die Häuser waren schön hergerichtet. In Bruck war noch tiefste Nachkriegszeit, noch vieles war heruntergekommen, auch unsere Wohnung, die in keinem guten Zustand war und erst noch renoviert werden musste, bis wir umziehen konnten.

Renée musste sich in dieser Zeit akklimatisieren, im Wortsinn: Es war kalt. Erneut waren es die Schuhe und

Socken, an die sie sich nur schleppend und widerwillig gewöhnen konnte. Es gab noch keine Strumpfhosen, sondern Strumpfgürtel und kratzige Strümpfe, die Renée nicht anziehen wollte. Bei diesem ersten Besuch in Österreich gingen die Schroeders Skifahren, in Filzmoos. Ein lustiges Erlebnis, vermutlich hauptsächlich für die Skilehrerin, als die ganze Familie zum ersten Mal auf Skiern stand.

Im Sommer 1967 übersiedelten Renée, ihre Schwester und ihre Mutter endgültig nach Bruck an der Mur; ihr Vater war schon im Herbst 1966 umgezogen. Er arbeitete bereits in Bruck und wohnte vorübergehend im Hotel Bauer. Im Sommer war Renées Eindruck von der Stadt schon etwas anders, freundlicher, bunter.

Das Brucker Freibad auf der Murinsel war damals ganz neu, und ich habe den ganzen ersten Sommer im Bad verbracht. Am meisten schockiert hat mich, dass die Frauen sich die Beine und Achseln nicht rasiert haben, das wäre in Brasilien undenkbar gewesen. In Österreich kam das erst viel später in Mode. Die Leute hatten schöne Dirndln an, mit schönen Schuhen, und dann Haare auf den Beinen und Haarbuschen unter den Armen. Wir waren echt schockiert. Im Bad habe ich immer einen Bikini getragen, der muss für Brucker Verhältnisse ganz besonders gewesen sein. Ich erinnere mich gar nicht daran, aber vor Kurzem habe ich einen Musiker getroffen, der zu der Zeit im Brucker Bad als Bademeister gearbeitet hat und sich an meinen Bikini erinnern konnte. Vielleicht aber auch nur an meine rasierten Achseln und Beine.

Dann der erste Schultag im Gymnasium Bruck an der Mur, September 1967. Renée war 14 Jahre alt. Der Direktor nahm sie an der Hand, führte sie in ihre Klasse, die 4B des Gymnasiums, und sagte: »So, ich bringe euch hier etwas Exotisches. Spricht nicht Deutsch.« Eine Mitschülerin, Gertrud, meldete sich sofort und sagte: »Sie kann neben mir sitzen.« So saß Renée, »das Exotische«, zwischen Gertrud und Marlene in der ersten Reihe. Die beiden Mädchen hatten den Auftrag, Renée zu helfen, wenn sie etwas nicht verstehen sollte. »Spricht nicht Deutsch« war zwar nicht ganz richtig, Renée verstand Deutsch – Goethe-Institut-Deutsch, jene Sprache, die man in Hannover spricht. Aber sie konnte kein Steirisch. Es kam ihr vor wie eine komplett andere Sprache, mit ganz anderer Intonation. Trotzdem musste sie in allen Fächern eine Aufnahmeprüfung ablegen. Das war ein Problem.

Sie versuchte, sich Dinge einzuprägen in dieser Sprache, die sie zwar gelernt hatte, aber trotzdem nicht verstand. Es blieb ihr nichts anderes übrig, als die Dinge auswendig zu lernen, viele Wörter und Wendungen, ohne zu verstehen, was sie bedeuten. Sie schaffte alle Aufnahmeprüfungen, alle Fächer – und wieder: außer Deutsch. Sie konnte sich diese Prüfung allerdings bis ins Frühjahr aufheben.

Es ging letzten Endes irre schnell, weil ich den ganzen Tag von früh bis spät Deutsch oder eben Steirisch gesprochen habe. Nachmittags hatte ich außerdem Nachhilfe. Es ist ja auch so, dass Deutsch und Luxemburgisch dieselbe Wurzel haben. Mein Problem war eher die Aussprache. Ich konnte das »ch« nicht aussprechen, sagte »escht« statt »echt« und »isch« statt »ich«. Das »e« war bei mir ganz offen, also »Mänsch« statt »Mensch«. Das »e« zu schließen, war für mich schwierig. Die ganze Zeit haben meine Mitschüler mit mir geübt. »Oachkatzelschwoaf« musste ich gefühlte tausendmal sagen, das war ein Sport in der Klasse, mir die richtige Aussprache beizubringen. Im Grunde ging es dann sehr schnell. Und es war auch sehr lustig.

Renées Vater lebte sich sehr leicht ein. Ihre Mutter weniger. Bruck an der Mur war einfach nicht ihre Welt. Erschwerend kam hinzu, dass sie, eine Einzelgängerin, niemanden brauchte, keine Freundschaften suchte und nicht tratschen oder telefonieren wollte. Es fiel ihr schwer, Kontakte zu knüpfen. Die Leute kamen ihr aber auch komisch vor, die »Frau Direktor«, nur weil der Mann Direktor war. Überhaupt, dass man mit Titel angesprochen wird – für sie ungewöhnlich, typisch österreichisch.

Auffallend war für Renée, wie gut das Wasser in Bruck an der Mur war. In Brasilien gab es kein Trinkwasser, man trank Limonaden oder abgekochtes und gefiltertes Wasser. Renée hatte in Brasilien nie viel getrunken, weil es einfach nie viel Wasser gegeben hatte. Kurz vor der Regenzeit war es so trocken, dass die Tanks oben auf den Häusern leer waren. Wollte man sich duschen, ließ man kurz das Wasser rinnen, seifte sich schnell ein und duschte sich kurz ab. Kam die Regenzeit, regnete es so viel, dass alles feucht und schimmelig war, die Schuhe im Kasten, alles. In Österreich war das anders. Auch wenn die Mur in den 1960ern noch eher eine Kloake war, die Fische tot, der Regen sauer, die Seen schmutzig und die Wälder krank, war sogar das Duschwasser trinkbar. Man konnte einfach das Wasser aufdrehen und laufen lassen, so lange man wollte.

Nicht alle Umstellungen waren so angenehm. So gab es im Winter in Bruck fast gar nichts Frisches zu essen – das war in Brasilien ganz anders. Hier gab es Sauerkraut, eingelegtes und eingekochtes Gemüse und Obst, saure Gurken. Kein frisches Gemüse, der Käse schmeckte nach gar nichts, verglichen mit französischem. Renées Mutter regte sich auf, warum das Brot nach Kümmel schmeckte. Dieses gewürzte Brot, das war eine Umstellung. Dafür gab es Forellen, Wild und Marillenknödel.

Was mich anfangs verwunderte, war das Schnapstrinken. Wie oft mir Väter von Freundinnen Schnaps angeboten haben! Vielleicht, weil sie selbst einen trinken wollten. Es war nicht so üblich, dass man in das Haus der anderen Leute geht. Das wusste ich aber nicht, und so bin ich zu allen gegangen und habe alle eingeladen. In Brasilien war das so, man ist einfach zu allen hin. Und wenn ich dann wo war, dachten sie vielleicht, sie müssen mir was Tolles anbieten. Und das war meistens Schnaps. Dann haben sie zwei Schnäpse eingeschenkt und, weil ich keinen wollte, beide getrunken.

Wandern war auch so etwas, das Renée nicht kannte. In Brasilien ging man nicht wandern, es gab gar keine Wege. Es war viel zu gefährlich, viel zu heiß. Die Österreicher waren viel sportlicher als die Brasilianer, bewegten sich mehr, hatten mehr Kontakt zur Natur und eine ganz andere Einstellung zur Umwelt. Was sie am meisten in den Brucker Jahren prägte, waren die Berge. Sie lernte die alpine Welt kennen und lieben, das Skifahren im Winter und das Wandern im Sommer. Vor allem das Hochschwabgebiet hatte es ihr angetan. Nach einer langen Wanderung in einer Berghütte zu übernachten, war für sie ein erfüllendes Erlebnis. Bis heute zieht es sie nach Aflenz, um am Hochschwab zu wandern.

In dieser Zeit, 1967/68, waren die Umstände noch sehr streng. Mädchen durften keine Hosen tragen, keine offenen Haare, sich nicht schminken, an Miniröcke war nicht einmal zu denken. Renée wollte sich nach wie vor nicht an die kratzigen Strümpfe gewöhnen, doch der Winter kam, und es wurde kälter und kälter. Obwohl schon Minusgrade herrschten, trug Renée ihren Rock mit Kniestrümpfen und einen Mantel darüber. Die Knie wurden blau. Bis man ihr erlaubte, ausnahmsweise eine Skihose zu tragen. Keine Lederhose, keine Jeans, das war nach wie vor untersagt. Bis zum Sommer 1968. Ab diesem Zeitpunkt änderte sich alles.

In diesem Sommer der Veränderung, 1968, fuhren im August die Sowjets mit ihren Panzern in Prag ein. Das war nicht ohne und ist so schnell gegangen. Wir waren damals gerade auf Urlaub in Südfrankreich, und meine Mutter hat echt überlegt, ob wir überhaupt wieder nach Österreich zurückgehen sollten: »Wer sagt, dass die Russen dort nicht auch hineinfahren?« So abwegig war das nicht, dass sie sagte, dass Österreich ihr zu nah an der kommunistischen Grenze liegt. Also haben wir abgewartet und gespannt das Geschehen verfolgt: Kommen die Sowjets jetzt auch bis nach Wien oder nicht? Österreich gehörte nicht zur NATO und hat eher an Ostblock erinnert als an den Westen.

In Österreich selber war das glaube ich kein Thema, unter den Bruckern gab es jedenfalls diese Angst nicht wirklich. Aber Luxemburg ist im Zweiten Weltkrieg zweimal überrannt worden, das saß meinen Eltern in den Knochen. Und wir wohnten direkt neben der Grenze, der Kalte Krieg war in vollem Gange, dann der Prager Frühling – da war schon was in Bewegung in dieser Zeit. Und dass es gegen diesen Frühling einen Herbst geben kann, der über diese Grenze hereinbricht, das war vielleicht gar nicht so unrealistisch.

Bruck an der Mur hatte sich noch nicht von Krieg und Besatzungszeit erholt. Es waren nicht nur die Häuser, sondern auch die Menschen, die keine Motivation hatten, ihre Stadt zu verschönern. Es gab keine Blumen, wie etwa in Italien, wo zwar alles schäbig, aber dafür mit schönen Blumenarrangements verziert war. Im Unterschied zu den Italienern, deren Lebensfreude die hässlichen Narben des Krieges überdeckte, empfand Renée bei den Bruckern Resignation. Dazu trug sicher bei, dass das, was Renée und ihre Familie in Brasilien gehört und gelernt hatten, etwas ganz anderes war als das, was ihre Mitschülerinnen und Mitschüler in Bruck mitbekommen hatten über den Krieg und die Verbrechen der Nazis. Deren Eltern kamen aus der Gefangenschaft zurück und sprachen kein Wort über das Erlebte, konnten es auch nicht verarbeiten. Psychologie war total »out«, war nur etwas für die Schwachen. So gab es eine kaputte Elterngeneration – eine Generation, zugleich Opfer und Täter, um die man herumtrippelte und die ihren Kindern die gleiche Nazi-Erziehung zukommen ließ wie jene, die sie selber erfahren hatte.

Es war für Renée schon spürbar, dass sich die Menschen in Bruck ein klein wenig öffneten, aber so vieles war und blieb ein Tabu. Es gab so viele Dinge, über die einfach nie gesprochen wurde. In Österreich wurde nichts aufgearbeitet; in Deutschland, wo die Schuldfrage eindeutig geklärt war, schon eher. Österreich nahm die Opferrolle ein und strich den Zweiten Weltkrieg zugleich aus den Köpfen und den Geschichtsbüchern. Die Schulbücher endeten mit den Friedensverträgen von Versailles; alles, was danach kam, wurde einfach wegignoriert. Es gab keine Literatur zum Zweiten Weltkrieg und eine Art schweigenden Konsens unter allen Lehrern darüber, dass diese Zeit ausgeklammert wird. Brasilien hat geschichtlich einen ganz anderen Hintergrund als Österreich. Für Renée waren der Zweite Weltkrieg und die Nazizeit ein Thema, das sie längst abgearbeitet hatte. Insofern war es für sie ein Kulturschock.

Es waren ja noch überall Nazis. In den meisten Ämtern saßen ehemalige Nazis. Wer hätte also eine Kommission einberufen können, die unabhängig darüber urteilt, wie Schulbücher hätten aussehen können? Das Denunziantentum steckte sicherlich noch tief in den Leuten. Das muss etwas ganz Furchtbares sein – das Gefühl, jederzeit beobachtet zu werden, niemandem trauen zu können. Immer Augen auf sich gerichtet zu spüren, sodass sich nicht einmal Eltern trauen, mit den eigenen Kindern zu reden, aus Angst, dass sie etwas in der Schule weitererzählen könnten und man dann dran ist. Deshalb ist es nicht so verwunderlich, dass man über die Gräuel des Zweiten Weltkrieges einfach schweigt, weil man nicht weiß, ob man angezeigt wird, wenn man Verbrechen gegen die Menschlichkeit verübt hat unter den Nazis. Viele hatten außerdem Angst, dass die Taten der eigenen Eltern ans Licht kamen. Bis in die 1990er wurde man bei der Einreise in die USA gefragt, ob man Tuberkulose hat, HIV oder an Nazi-Verbrechen beteiligt war. Die sind ja so, in den USA, die reden über alles und fragen einfach!

1968 war der Beginn einer neuen Zeit, auch in Österreich, auch in Bruck. Plötzlich durfte man sich schminken, Hosen tragen, sogar zerrissene Jeans zogen keine Zurechtweisung mehr nach sich. Ganz abrupt hatten sich die Dinge geändert, in allen nur denkbaren Bereichen. Es war die Zeit, in der sich die Jungen gegen die Alten stemmten, in der alles hinterfragt, diskutiert und experimentiert wurde. Es kamen zeitgleich alle möglichen Dinge auf, die das Leben grundlegend veränderten: die Antibabypille, Tampons, Strumpfhosen, Sex vor der Ehe, Gruppensex, Schülerparlamente, Demokratie, die Unireform. Die Menschen waren im Aufbrechen, das System im Aufbruch, wortwörtlich brach es auf.

Das war der Zeitgeist, in dem ich in Bruck sozialisiert worden bin. Es gab ein Schülerparlament, in dem unheimlich viel diskutiert wurde. Peter Pilz, der in meine Parallelklasse ging, war hier sehr engagiert. Ich habe

Voltaire und Bakunin gelesen; alles, was man in der Schule nicht zu lesen bekommen hat, habe ich nebenher gelesen: Simone de Beauvoir, Sartre, Hermann Hesse, Che Guevara. Der Grundtenor war: Es wird alles besser. Und es stimmte.

Renées Eltern waren anders als viele Eltern ihrer Schulkameradinnen und -kameraden. Annette Schroeder war ohne Männer aufgewachsen: Ihr Vater war sehr früh gestorben; sie lebte mit Mutter, Schwester und Tante in einem Viermäderlhaus, das sich selbst über die Runden bringen musste. Da waren keine Männer, die irgendwelche Vorschriften gemacht hätten. Annette und François Schroeder hatten selbst schon zusammengelebt, bevor sie verheiratet waren, waren nicht religiös, dachten liberal. In Renées Elternhaus wurde viel diskutiert: über die Schere zwischen Arm und Reich, über Gerechtigkeit, über Kommunismus, über den Wert von Arbeit. Renée war sicherlich weniger als andere Jugendliche dazu gezwungen, Wände einzureißen.

Die Familien, aus denen Renées Schulkolleginnen und -kollegen kamen, waren in dieser Hinsicht anders. Verschlossener. Weniger fortschrittlich. Die Familien glichen sich alle sehr, sie waren homogen. Alle hatten wenig, aber genug. Und: Sie waren alle ungefähr gleich arm oder reich – die einen hatten vielleicht ein Haus statt einer Wohnung oder ein besseres Auto. Das war für Renée ein großer Unterschied zu Brasilien, wo es tatsächlich Superreiche gab, mit Privatflugzeugen, und daneben extreme Armut. Die sozialen Unterschiede in Renées Schulklasse waren nicht erwähnenswert, auch wenn man sagen kann: Die Schroeders gehörten zu den Wohlhabenderen.

Das machte im Erscheinungsbild allerdings keinen Unterschied. Für Mode interessierte sich Renée sowieso nicht. Sie überlegte vielleicht, was sie anziehen wollte, trug gerne Jeans, war aber ansonsten nicht von den Modezeitschriften beeinflusst. Um nach 1968 bei der Mode vorne mit dabei zu sein, brauchte es aber auch nicht viel Geld. Ein Minirock benötigte ganz wenig Stoff, der musste nicht toll sein, nur der Gürtel war wichtig. Richtig teuer angezogen war damals niemand, und so waren die sozialen Unterschiede nicht sichtbar.

Sich anzuziehen, was gerade modern ist, ist eigentlich unheimlich arm im Geist. Wie fühlen sich diese Menschen, wenn sie dann nicht mehr die aktuelle Mode haben? Werden sie dann unsicher? Selbstsicherheit sollte nicht durch die Klamotten kommen, die du anhast. Wozu braucht man eine Louis-Vuitton-Tasche um 2000 Euro? Damit machst du nur Werbung für eine Firma, eigentlich sollte man dafür Geld bekommen. Ich finde das verrückt. Solche Erscheinungen gab es in meiner Jugend noch nicht. Es gab noch keinen Markenwahn.

Mitten in diesem Umbruch des Jahres 1968 gründeten die Brucker Schülerinnen und Schüler einen Club, den sie »SUS 5O5« nannten. »SUS«, kurz für Schüler- und Studentenclub; »5O5«, weil es das Zeichen der Wiener Nazi-Widerstandsbewegung während des Zweiten Weltkrieges war. Der Clubraum, ein alter Keller in der Nähe des Hauptplatzes von Bruck an der Mur, war das einzige Lokal, in dem sich die Jugend treffen konnte. An die zwanzig bis dreißig Mitglieder waren es, die sich trafen und diskutierten. Über antiautoritäre Erziehung, Feminismus, Sexualität, Drogen, Musik und Nacktheit. Alles stand zur Disposition, vor allem das Frauenbild, das dringend überholt werden musste – das Bild der Kindfrau, der Baby Doll, dagegen stand die 68er-Bewegung, auch jene in Bruck an der Mur.

Und dann kam auch die Drogenszene auf zu dieser Zeit, wir haben viele Joints geraucht. Es gab auch Mutproben: Wer traut sich eingeraucht zur Mathematikschularbeit? So habe ich mein einziges »Nicht genügend« bekommen, weil ich während der Schularbeit einen Lachanfall hatte. Eine Deutschschularbeit im eingerauchten Zustand habe ich dafür besonders gut hinbekommen. Die starken Drogen habe ich nie ausprobiert, LSD etwa, weil es die Persönlichkeit verändert. Ich wollte nie die Kontrolle über mich verlieren. Aber es gab schon einige, die da reingekippt sind; eine meiner Schulfreundinnen ist tatsächlich abgestürzt, hat später gedealt, war im Gefängnis.

Im Club wurde nicht nur diskutiert, sondern auch Musik gehört. Bob Dylan, Leonard Cohen, Al Cook, den der Club einmal zu einem Benefizkonzert zugunsten von Biafra einlud, getrieben von der Vorstellung, etwas bewirken zu können, die Welt ein Stück besser zu machen. Janis Joplin, Jimmy Page, der Gründer, Gitarrist und Produzent von Led Zeppelin. Page spielte einmal sogar im Wiener Konzerthaus, da hatte er einen Geigenbogen, mit dem er auf der E-Gitarre spielte, das war sein Spleen. Den Bogen hatte er zerbrochen und ins Publikum geschmissen. Renée fing den Bogen und hängte ihn in ihrem Zimmer auf, bis ihre Mutter ihn eines Tages wegwarf, weil er doch kaputt war.

Renée hatte einen kleinen Plattenspieler vom Flohmarkt in Luxemburg, auf dem sie jeden Nachmittag Musik hörte, drei-, viermal die gleiche Schallplatte hintereinander, sich ganz auf die Musik konzentrierend. Von ihrem Taschengeld kaufte sie sich die ersten Scheiben, kleine Platten, 45 Umdrehungen, von den Beatles, den Rolling Stones, Jimi Hendrix. Sie mochte auch sehr die französischen Sänger, Michel Polnareff und Françoise Hardy. Das Musikhören, das war für sie eine Hauptbeschäftigung, keine Hintergrundberieselung, sie widmete sich ganz und gar der Musik und den Texten.

Es war ebendiese Zeit, in der Renée viel über Feminismus lernte. Eine wichtige Begegnung war jene mit einer Familie während eines Schladming-Urlaubes. Schladming, das war überhaupt ein einschneidendes Erlebnis. Der Urlaub war vom Club aus organisiert; eine Gruppe von etwa zehn Jugendlichen aus Bruck an der Mur hatte sich zusammengeschlossen, um nach Schladming zu fahren, Skiurlaub. Es war im Winter 1971, und gerade war »Da Hofa« von Wolfgang Ambros erschienen. Renée und ihre Freunde zogen singend durch Schladming und sangen das Lied aus vollen Hälsen. Aber nicht nur deshalb war dieser Urlaub prägend, nicht nur wegen der Musik, der Freunde, der Freiheit, sondern auch wegen der Begegnung mit ihren Unterkunftgebern.

Die Familie, bei der wir unser Quartier hatten, hatte elf Kinder, und nur eines davon hatte überlebt. Der Mann war eindeutig dement. Die Frau, die immer und immer wieder Kinder bekommen musste, hatte noch nie in ihrem Leben einen Orgasmus gehabt. Erst ein Gast der Pension führte sie in die Freuden der Sexualität ein, und sie sprach ziemlich offen darüber. Ich habe immer wieder über diese arme Frau nachgedacht, bis heute, dass sie so viele Kinder bekommen musste, um eines durchzubringen – was für eine Qual das sein musste. Die mangelnde medizinische Vorsorge, die auf dem Rücken der Frau ausgetragen wird.

Genau zu der Zeit kam übrigens der Mutter-Kind-Pass auf, eine sehr wichtige politische Entscheidung, die weitreichende Konsequenzen für das Leben solcher Frauen hatte. Heute nimmt man das als gegeben hin, man erkennt das nicht mehr als Leistung an; aber dass die Kindersterb-

lichkeit in Österreich heute quasi gleich null ist, dass die Selektion heute ganz anders funktioniert, das ist den Entscheidungen zu verdanken, die damals getroffen wurden. Abgesehen von der Einführung des Mutter-Kind-Passes waren das auch noch andere, etwa Geschwindigkeitsbeschränkungen und Gurtenpflicht oder die Ernährung mit Vitaminen. Mein Jahrgang in der Steiermark war relativ klein, ab Jahrgang 1955 waren die Kinder im Schnitt um fast zehn Zentimeter größer, das heißt: Die Ernährung wurde viel besser, es gab mehr Bewusstsein für frische Lebensmittel und Nährstoffe wie Vitamine.

Die Jahre zwischen 1968 und 1972 waren die Jahre der großen Veränderungen. Es war die Zeit, in der das Denken einen Wandel vollzog – der Beginn einer optimistischen Zeit. Einer Zeit, in der das Gefühl vorherrschte: Alles wird besser, alles wird vernünftiger.

Es war die Zeit, in der Renée begann, ihr Weltbild zu formen. Alles sollte neu sein; alles, was die ältere Generation machte, sollte hinterfragt werden. Der Generationen-Gap zwischen Eltern und Kindern war wohl niemals so groß wie zu dieser Zeit. Das, wofür die Eltern standen, wurde abgelehnt, in allen Aspekten. In der Politik, in der Art, wie sie mit ihren Körpern umgingen, in der Ernährung, in der Paarbeziehung, in der Sexualität. Es brach eine neue Ära an. Die jungen Mädchen suchten neue Rollenbilder, die nicht ihre Mütter waren. Davon gab es nicht viele. Und auch die jungen Burschen waren auf der Suche nach einem neuen Männerbild – einem, dem sie nacheifern konnten. Die Jugendlichen wollten etwas Neues, einen neuen Zugang zu Sexualität und Freundschaft, Offenheit. Alles gegen das Establishment. Der gemeinsame Aufbruch verband die jungen Leute. Mit einigen aus ihrer Zeit in Bruck ist Renée bis heute eng befreundet.

Diese Zeit brachte eine Generation von Frauen hervor, die damals fünfzehn waren und heute über sechzig sind, die ein ganz eigenes Frauenbild haben. Sie sind gebildet, unabhängig, erfolgreich, selbst denkend, lassen sich nicht unterdrücken, belügen oder betrügen. Diese Frauen, zu denen ich mich zähle, haben den Aufbruch mitbekommen und die Stimmung, die so positiv war. Das hat gute zwanzig Jahre angehalten, vielleicht sogar länger. Ich finde es traurig, dass dort, wo dieser Optimismus war, jetzt Pessimismus ist. Und Pessimismus ist eine Schiene, die nach unten führt. Viele junge Leute wollen wieder das alte Männer- und Frauenbild, das von der Industrie und der Mode vermittelt wird. Es ist ein Rückschritt, Geschäftemacherei, die als Entscheidungsfreiheit verkauft wird. Für die Unternehmen ist es natürlich lukrativ, wenn alle das Gleiche wollen. Es wird Diversität gepredigt, aber in Wirklichkeit ist es Mainstream.

Ich frage mich manchmal, wann genau es begonnen hat, zu kippen. Heute geht es den Leuten viel besser, aber nur nach Zahlen gemessen. Sie werden älter, haben mehr Geld, müssen weniger arbeiten, es gibt mehr Reichtum, jeder hat ein Auto, einen Fernseher, ein Telefon, die medizinische Versorgung ist top. Aber die Menschen sind nicht zufriedener geworden. Es hat sich nur verbessert, was man in Zahlen messen kann. Vielleicht ist ein Plateau erreicht, das Wachstum ist in eine stabile Phase übergegangen, und wir brauchen neue Ideen, die nichts mit Wachstum zu tun haben. Wachstum wird als das einzig Positive gesehen – aber Nicht-Wachsen muss, finde ich, nicht schlecht sein. Nur weil etwas schneller, größer, lauter, bunter ist, ist es auch besser? Dieser Gedanke ist stark verankert in den Köpfen der Menschen.

In der siebten Klasse, 1971, machte Renée ihren Führerschein. Ihre Mutter borgte ihr öfter ihr Auto, es war ein winzig kleiner Peugeot. Nach einem Abend im Club bot Renée einem Freund, Emil Hren, an, ihn nach Hause zu bringen; er wohnte etwas außerhalb von Bruck, in Breitenau. Es war Winter, die Straße war eisig glatt, und in einer Kurve geriet das Fahrzeug ins Schleudern. Es kam von der Straße ab, landete auf dem Dach, auf den Zugschienen neben der Straße. Die Windschutzscheibe war kaputt, das Dach war kaputt, aber die beiden Jugendlichen blieben unverletzt. Es dauerte nicht lange, da kam ein Auto vorbei; der Fahrer half ihnen kurzerhand, das Auto wieder auf die Reifen zu bekommen. Er sagte: »Fahrt's weiter, hier könnt's nicht stehen bleiben.« So fuhren Renée und Emil bei minus zehn Grad, stockfinster war es, ohne Windschutzscheibe und mit Warnblinkern durch die Nacht. Ein Erlebnis, das glimpflich ausging, aber Renée lange beschäftigte. Sie träumte vom Unfall, wollte ewig lange nicht mehr Auto fahren.

Sie hatte Glück. Zu dieser Zeit gab es viele tödliche Autounfälle. Zwischen Bruck und Leoben war die »Todesstrecke«: Es gab eine Stelle, die besonders gefährlich war, und es wurde gezählt, wie viele Todesopfer es dort schon gab – 100, 150, 200. Es gab keine Geschwindigkeitsbeschränkungen, auch nicht auf den kleinen Landstraßen.

Die Todesfallstatistik bei Autounfällen ist eine Erfolgsgeschichte. Es gab wahnsinnig viele Tote, bis heute wurde das dezimiert. Obwohl es immer noch etwa 25 000 Verkehrstote pro Jahr in Europa gibt. Verglichen mit den Toten durch Terror – das sind deutlich unter hundert – ist das viel. Es sagt doch einiges über unsere Gesellschaft aus, was als Todesursache akzeptiert wird und was nicht.

Renée hatte sich in Bruck an der Mur gut eingelebt, hatte einen großen und stabilen Freundeskreis, den Club, die Musik, die neuen Gedanken, die sie beflügelten und ihr Weltbild bereicherten. Ihr Frauenbild, ihr Männerbild, ihre Gedanken zur Liberalisierung, zur Demokratisierung, all das saugte sie in den fünf Jahren, die sie ins Gymnasium ging, auf. Sie lernte immer leicht. Sie war nicht die allerbeste Schülerin, aber hatte auch nie wirklich zu kämpfen. Obwohl sie nicht in ihrer Muttersprache lernte. Deutsch war ihr nach dem ersten holprigen Jahr sehr leichtgefallen, sie nahm einen abgeschwächten Brucker Dialekt an, passte sich »light« an. 1972 maturierte Renée am Brucker Gymnasium.

In Chemie und Französisch mündlich, das war natürlich ein Volksfest. Eine der Maturafragen war das Ursuppenexperiment zur Entstehung der Lebensbausteine von Stanley Miller. Schon in der Schulzeit war ich von der Chemie des Lebens fasziniert. Viele Jahre später, 1995, habe ich übrigens Stanley Miller bei einer Konferenz zur Entstehung des Lebens persönlich kennengelernt, und er war von meiner Arbeit sehr angetan und verteidigte sie gegen Kritiker. Das war schon ein Erlebnis.

Die Matura ist ein wichtiger Abschluss einer wichtigen Zeit. Nach der Matura gehen die Schulfreunde auseinander, jeder geht seinen Weg, nachdem sie alle acht Jahre – oder wie in meinem Fall fünf Jahre – zusammen gelernt haben. Das ist eine lange Zeit in diesem Alter, die einen stark prägt. Schulfreude hat man fürs Leben.

Im selben Sommer reiste Renée gemeinsam mit ihrer Schwester nach Brasilien. Die Reise war das Maturageschenk ihrer Eltern – mit dem Schiff ging es zurück nach Rio de Janeiro und weiter nach Belo Horizonte.

Die Schiffsreise war unheimlich super. Wir fuhren dritte Klasse, hatten eine Kabine mit Fenster unter dem Wasser, und jeden Tag gab es nur Reis mit Sardinen. Ich bin aber hinauf in die erste Klasse gegangen und hab mir das Essen geholt. Es gab dort Buffets über Buffets, und kei-

ner hat etwas gegessen! Wir haben sehr nette Leute kennengelernt, die meisten davon Brasilianer, und die zehn Tage Überfahrt Partys gefeiert.

In Brasilien habe ich viele meiner Schulfreundinnen wiedergetroffen, gewohnt habe ich bei meiner Freundin Claudine. Ich war entsetzt, dass viele schon verheiratet waren und Kinder hatten, eine hatte mit 19 schon drei Kinder! Kaum jemand hat studiert, alle waren nur verliebt, verlobt, verheiratet. Da hast du schon gesehen, wie das Leben für Frauen in Brasilien abläuft: Verlobung mit 15, und mit 16 heiraten. Es war schön, alle wiederzusehen, auch wenn die ziemlich überrascht waren, wie anders ich geworden war. Mit ganz anderen Lebenszielen, und dass ich überhaupt nicht daran dachte, zu heiraten und Kinder zu kriegen. Von der Ehe hatte ich überhaupt ein schlechtes Bild, weil es einfach nicht zu meinem Konzept passte, dass man als Frau eigenständig ist. Auch wenn Burschen an mir interessiert waren und ich mit ihnen gegangen bin, es kamen sofort die Vorschriften: Du kannst dieses oder jenes nicht machen; ich will, dass du dieses oder jenes nicht machst. Dann war bei mir sowieso Schluss.

Zurück in Bruck erwartete sie die Frage, was sie nun machen wollte. Studieren, das war klar. Aber was? Und wo? Medizin war eine Möglichkeit, auch Architektur hätte Renée interessiert. Ihre Eltern wären für Wirtschaft oder Sprachen gewesen. Ihr Vater sagte schließlich, sie könne so lange studieren, bis er in Pension gehe. Das war ein Ansatz, mit dem Renée etwas anfangen konnte. Sie schaute, welche Studienrichtungen am längsten dauerten – Elektrotechnik und Chemie – und entschied sich für Chemie. Eisen schmelzen, das Bodenständige, das Stoffliche, das Gegenteil von Religion, das zog sie an. Das Wohin war auch rasch geklärt: Es kamen

Graz oder Wien infrage. Graz war ihr einfach zu klein. Sie wollte nach Wien.

Die meisten aus meiner Klasse, die studieren gegangen sind, sind nach Graz gezogen. Aber Graz war mir zu viereckig, zu »boco moco«, wie man in Brasilien sagt, spießig, kleinbürgerlich. Ich war schon froh, aus Bruck rauszukommen, obwohl es mir dort auch gefallen hat, ich eine gute Zeit hatte. Aber ich wollte auf keinen Fall dort hängenbleiben. Deshalb hatte ich auch keinen fixen Freund. Es hätte sich auch kein »Opfer« gefunden, kein Mann, für den es sich gelohnt hätte, in Bruck zu bleiben. Alle waren nett, alle waren Freunde, aber mehr war da nicht. Vielleicht war ich auch spät entwickelt, jedenfalls wollte ich nach Wien und Chemie studieren. Und das tat ich auch.

Ursuppe

CO_2, H_2O, NH_3, CH_4 + Energie → → → → Aminosäuren, Basen, Zucker, Fette

Aus Ammoniak und Formaldehyd entstehen Aminosäuren, aus Wasser und Formaldehyd verschiedene Zucker, darunter Ribose.

Das Ursuppenexperiment (nach seinen Erfindern auch Miller-Urey-Experiment genannt) simuliert die Bedingungen in der frühen Erdatmosphäre.

Es beweist, dass die organischen Bausteine wichtiger Moleküle von selbst, ohne Einfluss eines Schöpfers entstehen konnten.

Das Leben kann sich aus eigener Kraft in Gang gesetzt haben.

KAPITEL 5

Studentinnenjahre

Die Entscheidung, Chemie zu studieren, war sicher die richtige für mich, nicht nur rückblickend, meine Karriere betrachtend. Es passte und passt einfach zu mir.

Renée wollte ein »richtiges« Fach studieren, etwas Handfestes, wollte keinen Beruf, bei dem sie nur im Büro sitzen musste, sondern auch im Labor sein. Sie wollte mit Händen und Kopf arbeiten, nicht nur mit einem von beiden.

Im Sommer 1972, bevor ihr Studium begann, machte Renée ein Praktikum im Labor der Firma Felten & Guilleaume in Diemlach bei Kapfenberg. Es war das Labor zur chemischen Analyse des Stahls. Sie musste möglichst schnell die Probe, die vom Hochofen reinkam, auf Spurenelemente testen, untersuchen, wie viel Magnesium, Kupfer, Chrom oder Nickel der gerade erzeugte Stahl enthielt. Sie fing sofort Feuer, im wahrsten Sinne des Wortes. Dass man sich die Finger verbrannte, es stank und rauchte: Das gefiel ihr.

Das war schon sehr cool. Chemische Prozesse fand ich sowieso spannend, und es hatte auch einen Grund, warum schon meine Maturafrage der Ursprung des Lebens war. Es faszinierte mich – und das tut es bis heute –, darüber nachzudenken, woher etwas kommt. Wie man die lange, wahre Geschichte wissenschaftlich angehen kann. Die Ursuppe war für mich so was von bildhaft und klar, dass die Entstehung des Lebens nur ein chemischer Prozess gewesen sein kann. Das wollte ich studieren, erforschen, dem auf den Grund gehen. Mich hat das am meisten fasziniert: Welche sind die Regeln, die chemische Reaktionen so steuern, dass Leben entstehen kann? Deshalb wäre das perfekte Fach für mich Biochemie gewesen, die Chemie des Lebens. Weil es Biochemie aber, als ich zu studieren begann, an der Uni Wien noch gar nicht gab, habe ich mich für Chemie eingeschrieben. Erst als ich im dritten Semester war, wurde Biochemie als Magisterstudium eingeführt – ich bin dann auch sofort umgestiegen.

Zuvor musste Renée in Wien eine Bleibe finden. Eine eigene Wohnung hatte damals kaum ein Studierender, man suchte sich ein Zimmer. Renées Vater hatte Beziehungen zu Kardinal König, der ihr ein Zimmer in einem katholischen Studentinnenheim vermittelte, dem Servitenheim.

Ich habe mich nicht darum gekümmert, mit wem sich mein Vater abgegeben hat, und der Kardinal, der war eh sehr cool, hatte drei Kinder, über die jeder Bescheid wusste, aber keiner sprach. Der Kardinal war schon sehr liberal und eigentlich sehr in diese Zeit passend, Ende der 1960er-, Anfang der 1970er-Jahre. Das Heim war aber schlimm, wirklich schlimm, streng und komisch.

Es war ausdrücklich nur für Studentinnen gedacht, kein Mann setzte je einen Fuß über die Türschwelle. Renées Vater durfte ihr nicht einmal den Koffer aufs Zimmer bringen. Renée zog in ein Zweibettzimmer. An ihre Zimmergenossin hat sie keine Erinnerungen mehr, außer einer: dass diese sich aus Schamgefühl hinter dem Kasten versteckte, um sich umzuziehen. In ihrer ersten

Woche bekam Renée auch gleich ihren ersten Verweis. Der Grund: Sie war im Duschraum nackt gesehen worden. Das war nicht erlaubt. Man musste sich in einer der Duschkabinen aus- und auch wieder anziehen. Renée jedoch hatte sich außerhalb der Kabine ausgezogen, damit ihr Gewand nicht nass würde. Die Putzfrau hatte sie dabei beobachtet und direkt verpetzt, der Direktorin gesagt, Renée sei eine Exhibitionistin. Abends war es nur erlaubt, bis 23 Uhr wegzubleiben, danach wurde die Tür versperrt.

Auch die meisten Bewohnerinnen waren seltsam. Die Studentinnen fanden Spaß daran, den Pfarrer zu ärgern, indem sie beichten gingen, dass sie freitags Fleisch gegessen hätten. Er musste ihnen immer wieder erklären, dass das keine Sünde mehr sei, weil es nun schon erlaubt war. So kindisch!

Ihre Wochenenden verbrachte Renée in Bruck, nach wie vor ging sie in den Club und traf ihre Freundinnen und Freunde aus dem Gymnasium. Sie fuhr meist mit Freunden die Strecke von Wien nach Bruck, mit Richard, der einen VW-Bus hatte, und Meli. Eines Sonntagabends hatten sie auf der Rückfahrt nach Wien eine Panne, und Renée kam nach der 23-Uhr-Sperrstunde ins Heim zurück. Sie läutete, läutete und läutete, wurde aber nicht reingelassen, obwohl noch jemand wach war.

Ich dachte mir: Was machst du jetzt? Ich kannte ja niemanden. Dann habe ich die Oma vom Peter Pilz angerufen, die hat draußen in Kagran gewohnt. Ihre Nummer hatte ich aufgeschrieben, für den Notfall, ich kannte ja den Peter aus Bruck. Die war sehr nett und hat mich bei sich übernachten lassen. Am nächsten Tag bin ich schnurstracks ins Heim zur Direktorin und habe sie niedergeschimpft, so entsetzt und erbost war ich. Sie sagte nur: »Immer diese Kinder, die man auf Empfehlung auf-

nimmt, das geht ja meistens schief.« Ich habe auf dem Absatz kehrtgemacht, mir die Kronen Zeitung gekauft und Annoncen gesucht mit freien Zimmern. Gerade einmal sechs Wochen habe ich es im Heim ausgehalten, dann bin ich bei einer Frau Glück in der Pyrkergasse im 19. Bezirk untergekommen. Die Frau Glück, die war von ihrem Mann verlassen worden. Mit ihr, ihrem Sohn und noch einer zweiten Studentin habe ich dann den Rest des Semesters gewohnt.

Im Herbst 1972 startete Renée in ihr erstes Semester als Chemiestudentin an der Universität Wien. Das Studium war für Renée am Anfang alles andere als leicht. Vor allem in Mathematik fehlte es ihr an Wissen; durch das Gymnasium, das sie in Bruck besucht hatte, war sie vor allem humanistisch-sprachlich gebildet. Eine anstrengende Zeit war das: vormittags Vorlesungen, nachmittags Praktikum und abends Nach- und Vorbereitungen. Dazu jeden Freitag Mathematikübungen.

Da gab es einen Professor, Mück hieß er, der wollte mir Mathematik beibringen. Ich war jede Stunde an der Tafel. Er ist reingekommen und hat gesagt: »Schroeder.« Und dann bin ich schon zur Tafel gegangen und musste die Beispiele vorrechnen. Er hat immer nur mit dem Tafelfetzen gelöscht, was falsch war, und ich musste noch mal anfangen. Ich habe mir schon gedacht: Boah, schaffe ich das? Es war ja nicht nur die Mathematik, wir mussten zum Beispiel auch selber Glas schmelzen für die Destillationsapparaturen, und ich habe mir ständig die Finger verbrannt, hatte auf jedem Finger Blasen, mit lauter Pflastern bin ich dagesessen und konnte nicht mehr schreiben. Da habe ich mir schon gedacht: Was mach ich hier eigentlich?

Diese Zweifel waren aber nur von kurzer Dauer. Sehr schnell war ihr klar, dass sie dabeibleiben, durchhalten, sich durchkämpfen will. Viele ihrer Kommilitonen und

Kommilitoninnen warfen gleich im ersten Semester das Handtuch. Von 130 waren es nur siebzig, die das erste Semester überstanden. Es gab einen Studentenvertreter, Georg Schmetterer, der durch das Chemielabor ging und jedem sagte, wie schlecht das Chemiestudium sei, dass es zehn Jahre dauern würde und kein Niveau habe. Renées Labornachbar packte kurzerhand seine Sachen und meinte, er ginge jetzt Mathematik studieren.

Nach dem ersten Semester zog Renée bei Frau Glück aus und in eine WG. In der Friedlgasse 5, nahe der Krottenbachstraße, bezog sie mit Rudi und Heinzi eine Wohnung. Die beiden kannte Renée schon aus Bruck, sie waren auch im Club. Die WG-Zeit war eine lustige, vor allem für die beiden jungen Männer, die sich noch heute über Renée lustig machen, wie sie ständig im Pyjama und mit einem dicken Buch auf ihrem Bett saß, lernte, lernte und lernte – und durch fast jede Prüfung flog. Am Ende des zweiten Semesters trat sie bei fünf Prüfungen an und fiel bei allen fünf durch. Sie ließ sich davon nicht entmutigen.

Das typische Wiener Leben – herumstrawanzen, im Café Hawelka sitzen, ins Jazzland gehen oder in die Perle – bekam Renée nicht mit, dazu fehlten ihr die Zeit und das Geld. Montag bis Freitag war sie von 8 bis 18 Uhr auf der Uni. Abends saß sie im Café Schwarzspanier, trank einen Tee, aß eine Suppe und schrieb mit wunden Fingern ihre Protokolle. Und freitagabends fuhr sie nach Bruck.

Wenn du Chemie studiert hast, warst du mit deinem Jahrgang sehr viel zusammen. Die Übungen dauerten meistens den ganzen Tag. Auf der Uni habe ich viele Leute kennengelernt, teilweise haben wir heute noch Kontakt. Aber es sind auch schon etliche gestorben. Die Lebenserwartung von Chemikern ist tatsächlich geringer, man sagt: »Chemists, they die earlier but they take much longer to decompose.« Einfach, weil sie ständig mit Giften in Berührung kommen. Damals haben wir alle Übungen ohne Schutzmasken gemacht, es gab keine Handschuhe, die Lüftungsanlagen waren oft kaputt, wir hatten alle Akne im Gesicht und stanken nach Lösungsmitteln. Das Konzept der Sicherheit gab es noch nicht, dass man sich schützt vor den Giften. Die Chemie war männlich und heroisch. Ich erinnere mich an den Professor für Analytische Chemie, Hecht, der sich damit gebrüstet hat, Quecksilber getrunken und irgendein radioaktives Mittel eingenommen zu haben. Ein echter Mann fürchtet sich nicht vor dem Gift, das war die Mentalität, und wenn du Angst hast, musst du was anderes studieren.

Es war brutal. Diese Luft in den Übungsräumen war ein Wahnsinn, das ist heute unvorstellbar. Medizinstudenten sezierten ohne Handschuhe, die haben mit bloßen Händen Leichen angegriffen und dann direkt vor Ort eine Zigarette geraucht. Rauchverbot gab es ja auch noch nicht. Erst Jahre später, schon während meiner Dissertation, gab es zwei Chemiker, Engelbert Harter und Wolfgang Maurer, die für den Menschenschutz im Labor eingetreten sind und damit sehr erfolgreich waren.

Renée lebte sich ein in ihrem neuen Leben als Studentin. Nach einem Semester wurde die WG wieder aufgelöst. Sie verbrachte einen Sommer in der Steiermark, in dem sie wieder im Chemielabor der Stahlfirma in Diemlach arbeitete, und startete in ihr zweites Studentinnenjahr von einem kleinen Untermietzimmer in der Wimbergergasse aus. In diesem Herbst 1973 war sie erschöpft. Das Studium war anstrengend, sie hatte keinen Urlaub gehabt, war müde und unmotiviert. Sie nahm sich vor, in Zukunft die Sommerferien zur Erholung zu nutzen.

Doch Renée blieb hartnäckig, studierte fleißig, lernte viel. Sie schaffte alle Prüfungen, wenn auch die meisten nicht auf Anhieb. Am Ende des ersten Abschnittes, in ihrem sechsten Semester, bekam sie so etwas wie einen Rappel. Sie wollte einen großen Schritt gehen, die lästigen Fächer wie Anorganische und Organische Chemie, Physik, Analytik hinter sich lassen. In diesem Semester legte sie eine Prüfung nach der anderen ab, machte ein Praktikum nach dem anderen und war so produktiv, dass sie alle überholte. Sie merkte einfach, dass sie das in Summe weniger Kraft kosten würde als das ewige Dahindümpeln. Renée bewies, dass sie eine der Besten war – als Frau. Die Chemie war damals eine Männerdomäne. Renée war in ihrem Jahrgang eine von nur drei Frauen. Es gab auch keine Professorinnen, keine Role Models. Die paar Frauen, die Chemie studierten, studierten meist Lehramt.

Einerseits hatte ich es leicht, weil ich irgendwann gemerkt habe: Die Professoren schätzen mich, und ich bin akzeptiert als Frau, es ist kein Thema mehr. Andererseits gab es schon Professoren, die grauenvoll waren. In Physikalischer Chemie etwa, wo es eine Rechenübung gab, die gefürchtet war. Man konnte 100 Punkte erreichen – einer hatte 52 und ich 48, der Rest 20 und weniger. 48 war gerade so ein »Genügend«. Man musste zu diesem Professor noch zu einem Gespräch hinein, er sieht mich und sagt: »Ah, Sie sind das.« Weil er dachte, ich sei René – ein Mann. Er hat angefangen, mit mir zu diskutieren, wollte mein »Genügend« zu einem »Nicht genügend« machen, meine Leistungen auch in anderen Prüfungen herunterzuspielen. Er war ein echter Trottel.

Es gab davon einige, auch manche Rechten, mit Schmiss, die mich eine »verkappte Jüdin« genannt haben, weil es als typisch jüdisch gegolten hat, die Mädchen auf die Uni zu schicken. Mir ist das immer wieder begegnet, diese Einstellung: Frauen sollten kochen lernen, und wenn schon Chemie, dann nur als Lehramt. Ich habe das als störend empfunden. Aber bevor mir jemand ernsthaft schaden hätte können, bis sie gemerkt haben, dass ich eine echte Konkurrenz war, war ich längst über alle Berge.

Viel mehr als von diesen männlichen Machtspielen war Renée von ihrem Fach fasziniert. Es waren die chemischen Vorgänge des Lebens, die sie, als im zweiten Abschnitt alle lästigen Fächer – wie Mathematik – abgehakt waren und sie sich der reinen Biochemie widmen konnte, erfüllten. Sie besuchte auch einige Vorlesungen in Medizin, Physiologie, wollte verstehen, wie der Körper funktioniert, konnte gar nicht nachvollziehen, dass es Leute gibt, die das nicht interessiert: Was passiert, wenn man betrunken ist? Wenn man zu viel Fett isst, fastet, wenn man krank ist? Was geht bei Krebs in den Zellen vor sich? Es war Mitte der 1970er-Jahre und die Zeit, in der die Molekularbiologie aufkam. Das war ein ganz neues Fach. Bücher wie »Zufall und Notwendigkeit« des Molekularbiologen und Nobelpreisträgers Jacques Monod erschienen, und die Wissenschaft begann zu verstehen, wie das Leben entstehen konnte. DNA, RNA, Gentechnik, Phänotyp und was die chemische Grundlage dafür ist, dass Lebewesen sind, wie sie sind.

Der Wissenszuwachs ging exponentiell – kaum wurde etwas Neues erforscht, sprangen viele auf und vermehrten die Information. Eine spannende Zeit, befeuert auch durch das Aufkommen der Computerwissenschaften. Jede Woche gab es Neuigkeiten.

Wien war in der Wissenschaftswelt aber eher rückständig. Ein Großteil der Intelligenz war dem Zweiten Weltkrieg zum Opfer gefallen, umgebracht, vertrieben worden oder ausgewandert. Österreich unternahm nie ernsthafte Anstrengungen, diese abgewanderte Elite zurückzuholen. Viele Professuren an den Universitäten waren nach wie vor mit ehemaligen Nazis besetzt, die ihre Nachfolger aus den eigenen Reihen bestellten. Erst in den 1980er-Jahren kamen Koryphäen wie Hans Tuppy aus den internationalen Lehrjahren zurück und versuchten, wieder etwas aufzubauen. In den 1970ern fehlten dafür das Interesse und das Geld.

Es gab in Österreich keine Lehrer, das ist brutal, aber wahr. Die mussten erst neu herangezogen werden. Wenn man die Menschen zerstört, die eigentlich die nächste Generation anlernen sollen, dann gibt es keine Nachfolger. Man darf nicht unterschätzen, wie lange so etwas dauert, es sind ja in Summe zwei Generationen, die fehlen: die Lehrenden und die Nachfolger, die nie richtig angelernt worden sind. Zu meiner Studienzeit gab es hauptsächlich diese altvaterischen, autoritären Professoren, zu denen man keinen Zugang hatte. Die ihr Nichtwissen mit Autorität überdeckt haben, denen man keine Fragen stellen durfte und konnte. Es gab keine Diskussionskultur, keine Kultur des Fragenstellens unter den Studierenden. Dabei ist die sehr wichtig in der Wissenschaftswelt. Sie hat sich nach und nach langsam erholt und neu aufgebaut, ist aber immer noch nicht sehr ausgeprägt.

Das Studentenleben hat sich seit den 1970ern stark verändert. Zu Renées Studienzeit war es zwar ein Fulltime-Job, zugleich aber lastete weniger Druck auf den Studierenden. Weil der Vergleich fehlte, das Kompetitive, das Gegeneinander-statt-miteinander. Renée und ihre Kommilitonen mussten zusammenhalten, um etwas erreichen zu können. An der Universität Wien gab es wenig Geld, die Professoren hatten ihre Handvoll Assistenten, forschten ein bisschen, hatten aber keine großen, international agierenden Forschungsgruppen, die wirklich wichtige Themen bearbeiten konnten. Für Studierende war es damals deshalb unbedingt notwendig, zusammenzuhalten, ihr Wissen zu teilen, sich zu organisieren und international zu orientieren.

In der Zwischenzeit war Renée wieder umgezogen. Sobald ihre Eltern erkannt hatten, dass ihre Tochter auf einem guten Weg war, das Studium tatsächlich durchzuziehen, nahmen sie einen Kredit auf und kauften eine kleine Wohnung. In der Billrothstraße, fünfzig Quadratmeter, Durchgangszimmer, Neubau, Innenhof. 300 000 Schilling kostete die Wohnung 1974, was nicht nur angesichts der Mietpreise für WG-Zimmer – zwischen 500 und 1000 Schilling – ein gutes Investment war. Die Hälfte des Kaufpreises musste Renée selber zurückzahlen. Bis heute gibt es die Wohnung, inzwischen gehört sie Renées Söhnen.

Ihr Magisterstudium neigte sich dem Ende zu. Für ihre Diplomarbeit suchte sich Renée ein Forschungsthema und wurde an der Gynäkologie fündig. Die neu auf den Markt gekommene Antibabypille interessierte sie: Sie erforschte artifizielle Östrogene in Zellkulturen, studierte die Mechanismen, wie diese Hormone wirken, und welche Nebenwirkungen sie haben. Sie untersuchte, wie die Releasing-Hormone des Hypothalamus – LHRH – auf die Hypophysenhormone – LH und FSH – wirken und wie diese dann den Zyklus kontrollieren. Sie recherchierte viel, war mit Eifer bei der Sache, verbrachte viel Zeit im Hormonlabor und arbeitete mit Ratten.

Eigentlich wollte sie an diesem Labor auch dissertieren, fing sogar damit an – bis sie merkte, dass der Professor viel Geld von Schering, einem Vorgänger der Bayer Pharma AG, für ihre Arbeit bekam. Renée war enttäuscht, brach ab, suchte sich ein anderes Thema. Das tat ihr leid, die Gynäkologie lag ihr eigentlich: In dem Labor, in dem sie arbeitete, war auch das Kinderwunschprogramm angesiedelt, dort führten sie dafür Hormontests durch. Frauen riefen an, und man sagte ihnen, ob sie an diesem Tag Verkehr haben sollten oder nicht. Sie fand das witzig, lebensnah, menschlich.

Empfängnisverhütung war ein großes Thema, sehr breit und für viele Menschen wichtig. Das hat mir getaugt, es war ja tabu, welche Methoden es gibt. Das war total meins. Weil es auch ein feministisches Thema ist. Der Feminismus hat mich immer begleitet, seit Brasilien, wo ich gesehen habe, wie die jungen Frauen dort leben. Mein Vater hat schon immer gesagt: »Schau, dass du was lernst, damit du nicht von einem Mann abhängig bist.« Er hat natürlich gemeint: im Fall einer Scheidung. So habe ich das aber nicht interpretiert. Es ist nicht nur die Erziehung, sondern auch, wie man es umsetzt.

Jedenfalls war die Zellkultur, die ich bei meiner Diplomarbeit entwickelte, toll, mit der konnte man zum Beispiel auch bestimmte Hirntumore nachweisen. Ich habe auch einiges darüber publiziert, und das war ein sehr guter Einstieg als Wissenschaftlerin für mich. Mit einer erfolgreichen Diplomarbeit hast du einen Stempel, ein Profil. Das ist etwas, was viele Studierende nicht merken – die denken, wenn sie alle Zettel haben und gut im Studium sind, kriegen sie einen Job. Man muss sich aber schon im Studium ein Profil machen, etwas, wofür man steht. Das war mir selber auch erst später klar.

Ihre Dissertation führte Renée an die Fakultät für Chemie in der Währinger Straße zurück. Außerdem ging sie für einige Monate nach München. Sie untersuchte an der dortigen Universität die Genexpression während der Sporulation und der Keimung bei der Bierhefe. Renée ging der Frage nach, wie eine Zelle mit den gleichen Genen zwei unterschiedliche Formen haben kann. Bierhefe, ein Einzeller, hat zwei unterschiedliche Zustände: vegetatives Wachstum und Meiose.

Während meiner Dissertation habe ich damit begonnen, mich intensiv mit der RNA zu beschäftigen. Ich habe angefangen, sie zu isolieren. Mit der RNA kann man sehen, ob Gene ein- oder ausgeschaltet sind. Die Techniken zur Isolierung von RNA kamen genau zu dieser Zeit auf, dass man sie mit radioaktiven Methoden stabil nachweisen konnte. Das war sehr cool.

Einen konkreten Beruf, eine Vorstellung, was sie mit ihrem Wissen anfangen würde, hatte Renée zu dieser Zeit nicht im Kopf. Einen Job an der Uni Wien zu suchen, war jedenfalls kein Thema – es war ganz einfach kein Geld für Forschung da. Ins Ausland zu gehen war eine Idee. Aber es hätte auch ein anderer Job sein können, Öffentlichkeitsbildung in einem Museum, Wissensvermittlung. Renée machte sich keine großen Gedanken und auch keine Sorgen. Ihr einziges Ziel war, sich – und eines Tages eventuell ihre Kinder – ernähren zu können.

Ich habe keinen festen Plan gehabt, so wie heute, wo alle Pläne machen, Karrieren schmieden und dann total gestresst sind, wenn sie diesen Weg nicht verfolgen können. Wenn der Plan darauf beruht, Sohn von jemandem zu sein, Beziehungen oder ein Parteibuch zu haben, mag das zielführend sein, aber das ist ja völlig uninteressant. Diese Leute halten sich zwar in ihren Positionen, aber nicht aufgrund ihrer Fähigkeiten, und daraus entsteht ein unheimlicher Schaden. Weil sie Leute, die besser sind, nicht ranlassen.

Das ist ein ganz wichtiger Gedanke: Erstklassige Leute suchen erstklassige Leute. Und zweitklassige suchen drittklassige, weil sie sich bedroht fühlen von jenen, die bes-

ser sind als sie selbst. Das sind auch die Leute, die keine Wissenslücken zugeben können, obwohl die offensichtlich sind. Natürlich hat jeder Tausende Wissenslücken, anders ist es gar nicht möglich, und es ist auch egal, ob man welche hat oder nicht, es ist ja kein Problem. Ein Problem ist es erst dann, wenn Leute in Positionen sind, wo sie nicht hingehören, weil ihnen das Wissen fehlt. Sie sind überfordert. Das ist sicher uranstrengend.

Neun Jahre studierte Renée an der Universität Wien. Sie beendete das Studium als eine der Ersten ihres Jahrgangs: 1972 hatte sie begonnen, im April 1978 war sie mit dem Diplomstudium fertig, 1981 schloss sie ihre Dissertation ab. Ein Jahr später, 1982, ging ihr Vater in Pension.

Ribose

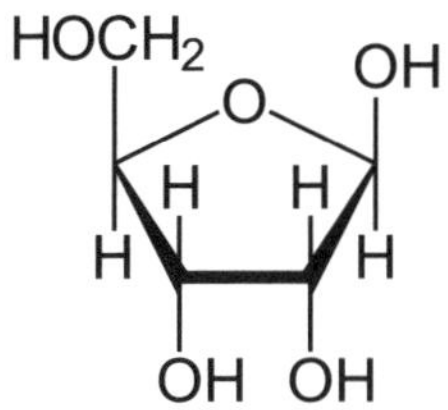

Ribose ist ein zentrales Element der Bausteine der Ribonukleinsäure, der RNA.

RNA gilt als das Molekül des Lebens. Es konnte Leben entstehen lassen, weil es Funktion und Information aus Zufallssequenzen generieren kann.

Die RNA ist flexibler und vielseitiger als die DNA.

Die Funktionen, die die RNA ausführen kann, entstehen aus komplexen dreidimensionalen Faltungen.

KAPITEL 6

Wanderjahre

Es war in Wien, es waren die frühen 1980er-Jahre, und die Sehnsucht nach der Ferne war groß. Die Informationen aber waren spärlich. Man reiste nicht viel, einen Flug zu buchen war nicht so einfach, finanziell wie organisatorisch. Herumzufliegen gehörte nicht so zum Alltag, wie es das heute tut.

Renée ging es wie allen anderen: Sie wollte hinaus in die Welt. Nicht nur, weil sie Hermann Hesse las, »Siddhartha«, »Der Steppenwolf«, wurde das Fernweh groß, das Hinausgehen ein starkes Bedürfnis. Dazu kam, dass es in der heimischen Forschung hieß: Keine Karriere ohne Ausland! Und wenn es fürs Erste nur München war.

Zur Zeit des Nationalsozialismus wurden in Österreich sehr viele Intellektuelle ermordet oder vertrieben. Und kaum jemand bemühte sich nach dem Krieg ernsthaft und systematisch darum, die Vertriebenen zurückzuholen. Wohl sind etliche von sich aus wiedergekommen, Erwin Schrödinger zum Beispiel, der 1956 nach Wien zurückkehrte. Aber ich glaube, an den meisten Universitäten gab es wirklich keine oder nur ganz wenige Lehrer, die uns auf Topniveau ausbilden hätten können. Es musste wieder der Anschluss zur internationalen Spitzenforschung gefunden werden. Deswegen war es ganz einfach so: Ohne im Ausland gewesen zu sein, ging gar nichts.

Interessanterweise ist das immer noch so. Obwohl es, finde ich, inhaltlich heutzutage nicht mehr notwendig ist. Ich kenne eine intelligente junge Forscherin, die nicht ins Ausland konnte, weil sie ihre Mutter gepflegt hat. Dann hat sie gesagt: »Okay, dann arbeite ich nicht in der Forschung, sondern als Chemielehrerin an der AHS.« Das finde ich so arg – Leute, die vielleicht exzellent sind, kommen in der Forschung nicht weiter, weil sie nicht mobil sind! Denn inzwischen gibt es so viel Vernetzung, technische Möglichkeiten und gute Leute in Österreich, dass man sehr wohl hier seine Lehre machen kann und nicht zwingend ins Ausland gehen muss. Aber die internationale Erfahrung gilt immer noch als Qualitätskriterium, und sie ist, wie ich finde, ein männliches. Weil Frauen sich eben oft schwerer tun, mobil zu sein. Männer sind da rücksichtsloser und gehen einfach, familiäre oder sonstige Zwänge hin oder her.

Ich versuche, wenn ich Leute begutachte, etwa für Stipendien, nicht so sehr darauf zu achten, wie mobil sie sind, sondern auf ihre Inhalte. Auf die Mobilität im Denken: Mir ist wichtig, dass jemand ein neues Thema auf die Beine stellt und nicht nur weiterführt, was ihm sein Chef beigebracht hat. Das ist für mich Mobilität: dass man Neuland betritt mit den eigenen Gedanken.

Neuland betreten: Das wollte Renée in jeder Hinsicht, gedanklich und tatsächlich. Sie wollte weg aus Wien und ging, noch während ihrer Dissertation, nach München. Es waren die Jahre 1980 und 1981 und die ersten beiden Jahre von jenen, die Renée als ihre »Wanderjahre« bezeichnen sollte. In München lernte sie eine Technik, die es möglich machte, RNA zu isolieren und sie damit in einer Zelle nachzuweisen.

München selbst erlebte Renée gar nicht so sehr als Neuland – wegen der Sprache, aber auch wegen der Stadt an sich, die Wien sehr ähnlich ist, zumindest die Größe betreffend. Was ihr aber auffiel, war, dass die Bayern schon anders waren als die Wiener, strukturierter vor allem. Und verschlossener. Renée hatte wenige soziale Kontakte, war viel allein. Weil das Wohnen so teuer war, wohnte sie im Gästezimmer des Instituts, eineinhalb Jahre lang, dabei war es eigentlich ein Zimmer für kurzfristige Gäste. Jeden Tag rechnete sie damit, dass jemand sie rausschmeißen würde, aber das passierte nie. Renée liebte die Unterkunft, die im Schloss Nymphenburg war. Unheimlich war es nur am Wochenende, wenn außer ihr nur ein paar Touristen im Schloss waren.

Das Alleinsein machte Renée wenig aus, sie machte daraus eine Tugend und entdeckte dadurch Münchens Museenwelt. Sie kaufte sich ein altes polnisches Fahrrad mit drei Gängen und fuhr durch München. Durch den Englischen Garten, wo zu der Zeit die jungen Leute nackt und Joints rauchend in der Wiese lagen, die Isar entlang – und zu allen möglichen Museen. Im Lenbachhaus frühstückte sie am Wochenende und schaute sich die Ausstellungen an. Die Alte Pinakothek hatte es ihr angetan, mit einem ihrer Lieblingsbilder von Albrecht Dürer, sein Selbstporträt, genau wie die Glyptothek und das Filmmuseum, in dem damals die »Rocky Horror Picture Show« lief. Renée sah den Film mindestens zwanzigmal. München, das waren die Jahre, in denen Renée die Kunst nur so aufsog.

Ich habe noch heute eine Sehnsucht nach diesen Sonntagen, an denen ich durch München geradelt bin, von einem Museum zum anderen. In München wurde am Wochenende nicht gearbeitet, ganz im Gegensatz zu den meisten anderen Städten, in denen ich war, und so hatte ich viel

Freizeit. Insofern war es ein Vorteil, dass ich wenige Kontakte hatte. Wäre ich von einer Einladung zur nächsten geflogen, hätte ich die Kunst nie in dieser Form entdecken und genießen können. Jetzt, wo ich in Pension bin, denke ich mir: Vielleicht kommt diese Zeit wieder, wo ich die Muße habe, mich einen Tag lang einfach treiben zu lassen. Das habe ich so genossen, und das kam nachher nie wieder.

Sobald ihre Arbeit an diesem Institut abgeschlossen war, ging Renée weg aus München. Ihre nächste Destination hatte sie schon angepeilt: Paris. Das war nicht aus der Luft gegriffen: Als sie noch in Wien gewesen war, hatte sie von einem Kongress in Moosbach gelesen. Sie war zu ihrem Chef gegangen und hatte gesagt: »Ich möchte zu diesem Kongress.« Er erwiderte: »Dissertanten gehen nicht auf Kongresse.« Renée sagte: »Aha. Aber ich schon.«

Was hätte er sagen sollen? Er hat es eh nicht finanziert. Und ich war fest entschlossen. Es waren dort viele spannende Leute angekündigt, die mich interessierten, die genau mein Thema behandelten. Meine Eltern finanzierten mir diese Reise, da war ich echt privilegiert. Einer der Vortragenden war Piotr Slonimski, der Guru der Genetik. Er forschte am Centre national de la recherche scientifique, kurz CNRS, in Gif-sur-Yvette, südlich von Paris. Nach seinem Vortrag stellte ich eine Frage, die mich beschäftigte; ich weiß nicht mehr genau, welche. Jedenfalls spitzte er die Ohren und kam nach dem Vortrag zu mir. Er fragte mich, ob ich nicht zu ihm ins Labor kommen wolle, einen Postdoc machen. So war das!

Slonimski lud Renée zu einem Interview nach Gif-sur-Yvette ein, das war noch vor ihrer Zeit in München, Anfang 1981. Sie fuhr mit dem Nachtzug von Wien nach Paris. Als sie morgens aufwachte, stellte sie fest, dass sie bestohlen worden war. Jemand hatte ihr, während sie geschlafen hatte, das Geld geklaut, aus ihrer Geldbörse, die leer vor ihr lag. Die Papiere waren glücklicherweise noch da. Ohne Geld kam Renée am Pariser Gare du Nord an. Es war der 31. März 1981, und als sie ausstieg und sich fragte, wie sie nun nach Gif-sur-Yvette kommen sollte, sah sie die Schlagzeilen am Zeitungskiosk: Ronald Reagan war angeschossen worden.

Renée sprach eine Frau an, die freundlich wirkte, und erzählte ihr die ganze Geschichte – dass sie kein Geld hatte, dass sie aber zu ihrem Interview kommen musste. Die Frau gab ihr einen Franc zum Telefonieren, und Renée wählte die Nummer des Centre national de la recherche scientifique, wollte sich zu Slonimski durchstellen lassen, doch die Frau von der Vermittlung sagte: »Nein, wir streiken.« Das gesamte Personal des CNRS streikte, und die Telefonistin sagte nur: »Bitte um Solidarität, Madame.« Und legte auf. Renées Franc war weg, und sie dachte sich: Was für ein Tag. Willkommen in Frankreich – Streik und Solidarität und Reagan angeschossen.

Sie schaffte es dennoch zum Interview, fuhr per Autostopp bis Gif-sur-Yvette. Es dauerte zwar, aber am späten Nachmittag war sie da. Piotr Slonimski streikte nicht. Und das Interview war erfolgreich. Renées Weg nach Paris war frei. Wobei, nur fast: Denn Renée wollte sich unbedingt unabhängig vom Institut finanzieren und bewarb sich deshalb für ein großes EMBO-Stipendium. Die European Molecular Biology Organization, kurz EMBO, ist die europäische Dachorganisation für Molekularbiologie. Sie lud Renée im Oktober 1981 zum Interview nach Straßburg ein.

Es war gerade die Umstellung von Sommer- auf Winterzeit, das hatte ich aber total vergessen. Als ich am Bahnhof ankam, ist es mir eingefallen: Ja, Mist, da war jetzt Zeitumstellung, und ich hab den Zug verpasst! Also habe ich mich ins Kaffeehaus gesetzt und mir gedacht: Jetzt muss ich den nächsten Zug nehmen und hoffen, dass ich noch irgendwie pünktlich nach Straßburg komme. Kaum war ich im Kaffeehaus, ist mir aber aufgefallen, dass die Umstellung ja in die andere Richtung war und ich eigentlich eine Stunde mehr Zeit hatte – ich hatte den Zug also gar nicht verpasst.

Straßburg war für Renée eine Entdeckung: Die Stadt mit den charmanten Fachwerkhäusern und der imposanten Kathedrale, aber vor allem auch das Institut de biologie moléculaire et cellulaire (kurz IBMC) beeindruckte sie. Bis heute ist sie in enger Verbindung mit den Mitarbeitern; im Lauf der Zeit wurde sie viele Male eingeladen, immer wieder gab es gemeinsame Projekte.

Anfang des nächsten Jahres, am 3. Jänner 1982, machte sich Renée auf den Weg nach Paris. Diesmal nicht mit dem Zug, sondern mit dem Auto, vollgestopft mit ihren Habseligkeiten. Doch ihr Aufbruch in ein neues Leben wurde jäh unterbrochen: Auf der Westautobahn lag so viel Schnee, dass sie nur bis Pressbaum kam und dann wieder umkehren musste. Zwei Tage später versuchte sie es noch einmal und fuhr bis Paris. Zwei Jahre wollte sie dortbleiben – doch zuerst stellte sich die Frage: Wo die erste Nacht verbringen?

Ich bin in Paris herumgefahren und suchte eine Bleibe im Südwesten. Schließlich bin ich in der Nähe des Bois de Boulogne stehen geblieben. Damals konnte man noch überall parken, weil noch nicht so viel Verkehr war. Und dann habe ich ein kleines Hotel gefunden, das sehr billig war und von einer sehr netten Frau geführt wurde, mit der habe ich mich sofort gut verstanden. Das Hotel hatte vielleicht zwanzig Zimmer, und so bin ich mit Sack und Pack erst einmal dort eingezogen. Ich weiß noch, dass ich begeistert war, dass es trotz Winter so lange hell war. In der Nacht war es saukalt, weil die Heizung nicht funktionierte, deshalb zog ich meinen Mantel an, legte mich aufs Bett und war noch lange wach. In der Nacht hat es im Hotel überall gerumpelt und gepumpert, die Wände waren sehr dünn. Beim Frühstück – es gab Kaffee und Croissants – sagte ich zur Wirtin: »Na, da war aber viel los in dieser Nacht.« Und sie sagte: »Ja, wir sind ja auch ein Freudenhaus!« Ich habe mir nur gedacht: Das darf ich meiner Mutter auf keinen Fall erzählen.

Einen Monat lebte ich im Puff, bis mein Zimmer am CNRS frei war. Auch später bin ich noch oft zu der Wirtin gefahren, auf einen Kaffee. Heute würde man das nicht mehr machen, einfach in eine Stadt fahren, ohne etwas vorab gebucht zu haben und irgendwo was suchen. Aber man hat dann auch nicht solche Erlebnisse.

Paris war eine erfüllte Zeit für Renée. Als sie nicht mehr im Bordell, sondern in einer kleinen Wohnung an der Place Saint-Charles im 15. Arrondissement wohnte, fuhr sie jeden Tag mit einer Fahrgemeinschaft zum Institut in Gif-sur-Yvette, etwa 45 Fahrminuten südwestlich von Paris. Sie ging oft aus, lernte viele Leute kennen, von denen einige bis heute enge Freunde sind. Dass Paris gefährlich sei, vor allem für Frauen, dass man nicht alleine ausgehen sollte, fand Renée gar nicht, auch wenn sie das so oft als Warnung gehört hatte.

Sie arbeitete viel in dieser Zeit. Piotr Slonimski beauftragte Renée, ein In-vitro-System für mitochondriales Splicing, das Verbinden von RNA-Sequenzen in den Mitochondrien, aufzubauen – etwas, das man bislang nur genetisch analysieren konnte. Slonimski wollte es biochemisch überarbeiten. Dabei werden alle Komponenten gereinigt und in einer Eprouvette wieder zusammengestellt. So weiß man genau, welche Moleküle an einer Reaktion beteiligt sind. Biochemische Systeme gibt es für alle möglichen Reaktionen, nun sollte Renée auch ein solches für das Splicing entwickeln. Die Technik funktionierte allerdings nie.

Als Misserfolg zählte es für Renée trotzdem nicht. Es war zum einen nicht das einzige Projekt, an dem sie arbeitete. Zum anderen konnte sie viel lernen, durch das Reinigen und die Reaktionen, die sie dokumentierte. Doch das angestrebte Ziel erreichten sie nicht. Zehn Jahre nach Renées Zeit in Paris fragte Piotr Slonimski, ob sie wiederkommen wollte, um es noch einmal zu versuchen. Renée wollte nicht.

Mit einer Unterbrechung war ich insgesamt zwei Jahre in Paris. Die Unterbrechung, das war Fabians Geburt. Ich habe immer gesagt, mit dreißig will ich Kinder haben, am liebsten sechs. Das war meine Idee, und alle haben mich natürlich für blöd gehalten. Auch weil ich nicht heiraten wollte. Die Ehegesetze waren für mich aber inakzeptabel. Ich dachte nicht im Traum daran, einen solchen Vertrag zu unterschreiben, in dem quasi stand, dass ich mich selbst aufgebe. An meinem dreißigsten Geburtstag war ich jedenfalls im dritten Monat schwanger. Ich habe meinen Aufenthalt in Paris unterbrochen und bin zurück nach Wien, wo nach wie vor meine Basis war, vor allem wegen meiner Beziehung zum Michael, der in Wien wohnte. Im November 1983 kam der Fabian in Wien zur Welt. Und als er zehn Monate alt war, im September 1984, sind wir zu dritt zurück nach Paris. Zwei Wochen später war ich wieder schwanger.

Zu dritt wohnten Renée, Michael und Fabian nicht mehr mitten in Paris, sondern in einer kleinen Stadt in der Nähe des Instituts, Les Ulis. Eine Satellitenstadt, die zwar wenig charmant ist, in der das Wohnen aber sehr viel günstiger war als in der Hauptstadt.

Der Constantin ist 1985 in Südfrankreich geboren, in Saint-Raphaël. Meine Eltern waren mittlerweile in Pen-

sion und lebten in Südfrankreich, so wie sie es immer geplant hatten. Ein paar Tage vor der Geburt, es war wegen Steißlage ein geplanter Kaiserschnitt, bin ich in den Süden gefahren. Mit Constantins Geburt endete meine Zeit in Paris. Für mich war ohnehin klar, dass es nur für zwei Jahre sein würde, ich wollte in Paris nicht sesshaft werden. Ich hatte keine klare Vorstellung, was ich nachher machen möchte, aber ich habe mich in Wien beworben und auch eine Stelle bekommen. Im Herbst 1985 habe ich an der Uni Wien eine Teilzeitstelle angetreten, im Herbst 1986 eine Assistenzstelle.

Renée war zurück in Wien, hatte einen neuen Job – doch der war enttäuschend. Es war ein neues Institut, das Institut für Mikrobiologie und Genetik im Universitätszentrum Althanstraße, und sie war dafür zuständig, es mit aufzubauen. Dazu gehörte schlicht und ergreifend: alles. Geräte anschaffen, installieren, neuen Leuten alles zeigen, die Lehre mit aufbauen – Renée war so beschäftigt mit organisatorischen Dingen, dass ihr keine Zeit für ihre Forschung blieb. Das war annehmbar, solange Constantin ein Baby war. Aber sobald sie wieder Vollzeit im Labor arbeiten wollte, kamen ständig Leute zu ihr, weil sie diejenige war, die über alle Details Bescheid wusste. Ständig wurde sie unterbrochen, täglich musste sie sich um Verwaltung und Organisation kümmern, sodass sie sich entschloss: »Ich gehe wieder weg.« Sie floh regelrecht aus Wien. Das Ziel ihrer Flucht: die USA.

Amerika war nicht zufällig ausgewählt. Renée war 1987 auf einem Kongress in Cold Spring Harbour gewesen und hatte dort Marlene Belfort kennengelernt. Die Forscherin hatte das Splicing-System, an dem Renée schon bei Slonimski in Frankreich gearbeitet hatte, für Bakterien entdeckt. In Bakterien hatte es sehr gut funktioniert, und Renée wollte es sehen und lernen. In diesem System funktionierte sowohl die Genetik als auch die Biochemie viel einfacher.

Es war ein sensationelles genetisches System. Mit Mutanten kann man die Funktionsweise eines Gens gut untersuchen. Ich wollte schauen, warum RNA katalytisch ist und welche Mutanten die Aktivität inhibieren. So findet man heraus, welche Stellen im Molekül wichtig sind. Normalerweise, wenn du eine Mutante machen möchtest, bei der ein Gen seine Wirkung verliert, musst du zigtausend Kolonien ausplattieren, dann stempeln und eine suchen, die dann nicht mehr wächst. Das ist unheimlich zeitaufwendig und mühsam. Bei dem System von Marlene konnte ich 109, also eine Milliarde Zellen ausplattieren, und die, die ihre Funktion verliert, ist die Einzige, die wächst. Und die ist sehr leicht zu erkennen. Eine positive Selektion für einen negativen Phänotyp. Das System funktioniert also genau umgekehrt und ist daher ein unglaublich starkes Selektionssystem. Es war so cool. Deswegen wollte ich zu ihr und das System erlernen.

Marlene Belfort war sofort einverstanden, als Renée fragte, ob sie eine Zeit lang zu ihr ins Labor kommen dürfe, das zum New York State Department of Health gehörte, in Albany, der Hauptstadt des Bundesstaates New York. Wie schon in Paris kümmerte sich Renée um eine unabhängige Finanzierung; dieses Mal bekam sie ein Erwin-Schrödinger-Stipendium vom Fonds zur Förderung der wissenschaftlichen Forschung, kurz FWF. Ihre Familie nahm Renée mit: Fabian, damals vier, und Constantin, zwei Jahre alt. Ihr Partner Michael war in Amerika geboren worden, war daher amerikanischer Staatsbürger und brauchte keine Arbeitserlaubnis. Er betätigte sich als Lehrer, machte Sportprogramme für die Schüler an einer Highschool und war auch Schwimmtrainer.

Viele haben gemeint, das könne ich nicht machen, mit zwei kleinen Kindern nach Amerika. Auch dass ich nicht verheiratet war, war zu dieser Zeit ganz schlimm. Meine Schwiegereltern sind aus Mariazell und sehr traditionsbewusst. Die wussten zuerst nicht, wie sie mich anderen vorstellen sollen. Es hat lang gedauert, bis sie gesagt haben: »Die Schwiegertochter.«

Das Leben in Amerika war, entgegen allen Unkenrufen, leicht. Es war leicht, einen Kindergarten zu finden, leicht, ein leistbares Haus zu mieten. Sie wohnten in Delmar, einem Vorort von Albany. Die junge Familie wurde sehr oft eingeladen. Es gab Partys in der Nachbarschaft, die Renée zwar Spaß machten, aber auch komisch vorkamen: Es wurden immer entweder Burger oder Pizza bestellt, und nach zwei Stunden gingen alle nach Hause. Ein unausgesprochener Kodex, an den sich alle hielten – außer Renée. Sie fand es gemütlich und fragte, ob sie noch bleiben dürften, sie würden auch beim Aufräumen helfen. Die Amerikaner kamen ihr oberflächlich vor, sie waren sofort auf »Darling« und »Dear«, alles wurde für »amazing« befunden, niemals jemand beleidigt, und die Kinder wurden für alles gelobt. Dieses übertriebene Selbstvertrauen, das fand Renée irritierend, eine leere Hülle.

Es war auch leicht, das Haus einzurichten. Renée fuhr zur Heilsarmee und kaufte gebrauchte Möbel. Unter anderem ein Sofa, das so voller Flöhe war, dass sie es doch wieder entsorgen und ein anderes anschaffen mussten. Im Haus gab es einen Geschirrspüler, so etwas hatten sie in Wien noch nicht gehabt. Sie hatten auch nicht viel Geschirr, weswegen sie nach jeder Mahlzeit einfach alles händisch abspülten. Als der Vermieter nach zwei Jahren das Haus begutachtete, fragte er, ob der Geschirrspüler funktionierte. Sie hätten ihn nie verwendet, sagten sie.

Der Vermieter hielt sie für Deppen aus der alten Welt, und Renée fand es lustig.

Wir haben uns auch ein Auto gekauft, einen Pontiac LeMans um 2500 Dollar. Wir sind zum Händler gegangen, um das Auto abzuholen, und stellten fest, dass es nicht fuhr. Es hüpfte wie wild und war unmöglich zu fahren – bis wir draufgekommen sind, dass es ein Automatikgetriebe hat. Dann fuhr es, auch wenn es dauernd kaputt war. Das Kühlwasser begann nach einiger Fahrzeit immer zu kochen, wir mussten oft stehen bleiben. Es war auch uralt, aber ich mochte es trotzdem. Vor allem wurde es immer besser, je länger wir es hatten. Es hatte einen riesigen Kofferraum – wir haben unsere Futonmatratze hinten hineingelegt und sind damit herumgefahren, wir konnten zu viert darin schlafen. Am Ende unserer Zeit in Amerika wollten wir das Auto um 500 Dollar verkaufen, aber keiner wollte es. So mussten wir noch 500 Dollar für die Entsorgung bezahlen.

Ihre Chefin Marlene Belfort war für Renée eine Mentorin und ein Role Model, in vielerlei Hinsicht: Sie ist ebenfalls Mutter, hat drei Söhne, und Wissenschaftlerin in Führungsposition. Am Institut hatte Renée ihren Arbeitsplatz direkt neben Marlenes Schreibzimmer, und so konnte sie viel von ihr lernen: wie man ein Labor leitet, wie man Forschungsprojekte und Papers schreibt und begutachtet. Marlene ging zu dieser Zeit durch eine Krise, ihr Chef mobbte sie regelrecht, obwohl sie sehr erfolgreich war. Wobei, vermutlich *weil* sie so erfolgreich war.

Ihr damaliger Chef hat ihr ständig Steine in den Weg gelegt, wollte verhindern, dass sie befördert wird. Weil sie eine Bedrohung war, sehr gut und sehr gewissenhaft arbeitete, gekämpft hat und bis heute kämpft. Ich war diejenige, die sie in dieser Zeit unterstützt und ermutigt und gesagt hat: »Wer ist dieser Typ? Ein No-Name! Hör nicht auf die-

sen Trottel, halte durch, nimm es nicht persönlich, und lass es nicht an dich heran.« Mir ist das immer sehr leichtgefallen, die Dinge an mir abblitzen zu lassen. Es ist wohl eine Typfrage. Sie hat es sich sehr zu Herzen genommen, dass sie schikaniert wurde. Wir waren und sind noch heute sehr gut befreundet auf dieser menschlichen Ebene, auf der man über Dinge reden kann, die man sonst mit niemandem besprechen kann, berufliche und private Dinge.

Deshalb finde ich Mentoring, auch Peer-Mentoring, so wichtig, damit alle diese Dinge besprochen werden können: Familie, Beruf, die Vereinbarkeit und die Probleme, die das mit sich bringt. Jemanden zu haben, mit dem man auch wirklich gegenseitig genau das bereden kann, ohne dass es hinausgetragen wird. Das Reden ist ja oft schon die halbe Lösung, weil man Probleme dabei durchdenkt und laut ausspricht. Allein dadurch verlieren die meisten Dinge ihre Bedrohlichkeit. Mit Marlene Belfort habe ich zum ersten Mal den Frauenkampf gespürt. Gemerkt, wie es ist, wenn man als Frau benachteiligt und nicht ernst genommen wird. Als Studentin spürst du das noch nicht so direkt, auch als Institutsmitarbeiterin nicht. Aber wenn es um gute Jobs geht, um Geld und um Projekte, dann merkt man, dass ganz andere Mechanismen zum Tragen kommen. Dann wird es ernst.

Für Renée selbst war die Arbeitssituation sehr gut. Sie hatte ihr Stipendium und zusätzlich ausverhandelt, dass ihr eine Krankenversicherung gezahlt wurde. Außerdem bekam sie noch 200 Dollar pro Monat extra, weil ihr Stipendium um diese Summe niedriger war als ein übliches Postdoc-Gehalt. Auch inhaltlich war Renée von ihrem Job begeistert. Sie arbeitete weiterhin im Bereich der katalytischen RNA, lernte viel über die Genetik von Bakterien. Nach zwei Jahren fiel es ihr schwer, wieder wegzugehen. Doch das Schrödinger-Stipendium lief aus, und abgesehen davon hatte sie noch ihre Stelle in Wien: Die Assistenzstelle, die sie damals angetreten hatte, lief auf vier Jahre – zwei Jahre lang hatte sie durch ihren USA-Aufenthalt unterbrochen, so blieben weitere zwei.

Im Sommer 1989 kamen sie schließlich zurück nach Wien. Renée landete in ihrer Assistenzstelle an der Uni Wien, an jenem Institut, das sie zwei Jahre zuvor aufgebaut hatte. Es war keine sanfte Landung.

Das Zurückkommen war echt schwierig. Es hat damit angefangen, dass es keinen Arbeitsplatz für mich gab, buchstäblich nicht: Es gab keinen Schreibtisch! Da sagte der Professor zu mir, ich solle mir einen Rolltisch nehmen, oder ich solle halt in der Nacht arbeiten, da würde es genügend freie Plätze geben. Ich weiß auch nicht, wie es zu diesem Stimmungswechsel kam. Ich denke, es gab einen anderen, der sein Favorit war, und er hatte Angst, dass ich ihn verdrängen würde – ich, der Star, der in Amerika war. Es gab eine unheimliche Welle der Ablehnung gegen mich. Aber ich hatte meine eigenen Ideen. Und ich war bereit, zu kämpfen.

Thermodynamisches Potenzial

ΔG

Die notwendige Gibbs'sche Energie ΔG ist die Aktivierungsenergie für chemische Reaktionen.

Delta bezeichnet dessen Änderung; die Energie, die man investieren muss, damit eine chemische Reaktion stattfinden kann.

Die Energie, die es dazu braucht, ist die Motivation.

Ist eine Reaktion einmal in Bewegung, benötigt sie nicht mehr so viel Energie.

KAPITEL 7

Wunderjahre

Nach acht Wanderjahren zog Renée mit ihrer Familie zurück nach Wien. Und fand die Stadt, die sie als ihre Heimatstadt bezeichnet, völlig verändert vor: Waren in den 1970er-Jahren noch die Spuren von Krieg und Besatzungszeit an den hässlichen Fassaden, den lieblosen Vorgärten und den desolaten Hausfluren abzulesen, so war jetzt, Ende der 1980er-Jahre, nichts mehr davon zu sehen. In diesen zehn Jahren, so schien es, war die Stadt regelrecht aufgeblüht. Häuser waren renoviert worden, Kaffeehausbetreiber stellten Tische und Stühle nach draußen, alles schien offener, freundlicher, sauberer und schöner. Renée stand in der Porzellangasse, sah zum ersten Mal bewusst die prachtvollen Häuser und dachte: Wow!

Auch am Institut für Mikrobiologie und Genetik hatte sich in der Zwischenzeit einiges verändert – aber nicht zum Besseren. Die Stimmung war gar nicht gut. Der Institutsvorstand Rudolf Schweyen, Renées Chef, wollte ihr keinen Arbeitsplatz zur Verfügung stellen; die Stimmung war eigenartig, und Renée spürte ein befremdliches Gefühl der Ablehnung und der Konkurrenz. Es gab drei deutsche Professoren am Institut, die für sich beschlossen hatten, dass sie als Einzige permanent beschäftigt sein und alle anderen rotieren sollten. Ein hierarchisches System, das Renée als typisch deutsch empfand. Gar nicht so, wie sie es aus Amerika kannte, wo es horizontale Strukturen gab, in denen alle gleichberechtigt waren, jeder selbstständig arbeitete und auch die Vorstände rotierten. Ihre andeutungsweisen Bemühungen, ein solches System für das Wiener Institut zu etablieren, stießen auf Ablehnung. Sie spürte überhaupt und überall Ablehnung. Und dann teilte ihr Chef Renée auch noch mit, dass ihr Vertrag nicht verlängert würde.

Ich dachte mir: Aha. Gut. Nehme ich das jetzt hin? Oder kämpfe ich?

Wenn diese Charaktereigenschaft bislang eher unterbewusst vorhanden gewesen war, so kam jetzt ihre kämpferische Seite voll zur Geltung.

Wenn ich genau darüber nachdenke, hat das ja schon viel früher begonnen, eigentlich schon in Brasilien. Dort verorte ich den Ursprung meines Kampfes für die Frauen, der ja bis heute immer mitschwingt. Letzten Endes ist es auch darum gegangen: dass ich als Frau in dieser Männerdomäne, die das Institut in Wien zu dieser Zeit war, bestehen wollte – und das konnte ich nur, wenn ich bereit war, kämpferisch zu sein. Das Frauenbild, das in meiner Kindheit und Jugend in Brasilien herrschte, fand ich fürchterlich. Das fing schon damit an, dass die Mädchen mit 15 Jahren ein großes Fest bekommen und da schon einen »noivo«, einen Verlobten, haben. Alles viel zu früh. Das Leben eines Mädchens war allein darauf ausgerichtet, dass es heiraten sollte. Und es gab damals noch keine Scheidung. Das ist eine Sache, wo ich mich schon früh gefragt habe: Wieso das? Wieso sollte es keine Scheidung geben?

Ich war 13, als wir von Brasilien wegzogen. Und trotzdem war mir schon klar, dass es dort für die Frauen schrecklich und in Österreich ganz anders ist. Wobei, auch hier waren die Frauen zum Teil noch sehr benachteiligt. Als ich Diplomarbeit gemacht habe, war ich am AKH Wien auf der Gynäkologie, und da gab es viele junge Technikerinnen. Die waren alle ganz wild aufs Heiraten, und ich habe ihnen dann in der Kaffeepause das Allgemeine bürgerliche Gesetzbuch vorgelesen. Dass die Frau dem Mann folgen muss, und wenn er beruflich einen Ortswechsel hat und die Frau geht nicht mit, dann kann sie schuldig geschieden werden. Das war noch vor der Familienrechtsreform. Ich sagte, dass ich nie freiwillig einen solchen Vertrag unterschreiben würde, in dem steht, dass ich meine Selbstständigkeit verliere. Da waren sie ziemlich angefressen auf mich.

Auch ein paar Jahre später, während ihrer Zeit in Frankreich, war Renée in Kontakt mit absurden gesetzlichen Regelungen gekommen, die sie in ihrer Meinung, niemals heiraten zu wollen, nur bestärken konnten. Sie war mit einem Pärchen befreundet: Sie, Israelin, kam als Forscherin nach Frankreich, wo sie ihn, einen französischen Architekturstudenten, kennenlernte und heiratete. Als sie in den Galeries Lafayette eine Waschmaschine auf Raten kaufen wollte, musste sie ihren Mann um Erlaubnis fragen. Eine alleinstehende Frau hatte alle Rechte, doch als Verheiratete wurde sie stark eingeschränkt. Renées Freundin regte es wahnsinnig auf, dass sie, obwohl sie diejenige war, die das Geld verdiente, ihren Mann fragen musste, ob sie eine Waschmaschine kaufen dürfe. Das waren noch Relikte aus dem Code Napoléon.

In Wien am Institut gab es kaum Frauen. Während meines Studiums schon gar nicht, es gab keine Role Models, keine Vorbilder. Ich erinnere mich nur an eine Frau, eine Amerikanerin, die auf der Analytischen Chemie als Assistentin arbeitete. Sie hat sich umgebracht. Warum, das weiß ich nicht, so gut kannte ich sie nicht. Vielleicht war sie depressiv? Wurde gemobbt? Ich weiß es nicht. Dann gab es noch ein paar wenige Frauen auf der Organischen Chemie. Aber im Grunde war die gesamte Chemiewelt männlich.

Als ich dann nach Frankreich kam, gab es sehr viele intellektuelle Frauen, vor allem in der Genetik. Die hatten eine echte Tradition. In Österreich lief das geschichtlich ganz anders, die Töchter wurden ja lange Zeit nicht zur höheren Bildung geschickt. Das ist typisch katholisch: »Sie braucht keine Ausbildung, weil sie ja ohnehin heiraten wird.« Es waren vor allem die jüdischen Mädchen, die auf die Uni geschickt worden waren, und als die Nationalsozialisten an die Macht kamen, waren sie alle wieder weg. Auch wenn sie nicht als Frauen, sondern als Jüdinnen vertrieben worden waren, hinterließ es trotzdem eine unheimlich frauenfeindliche Stimmung.

Renée wusste das ganze Jahr 1990 lang nicht, ob sie vom Institut übernommen werden würde oder nicht. 1991 würde ihre Stelle ablaufen, und ihr Chef machte keine Anstalten, sie zu übernehmen. Renée hingegen machte sehr wohl Anstalten: Sie beschloss, ihren Platz nicht kampflos aufzugeben. Ihren Platz, den sie doch schließlich bekommen hatte. Wobei, »bekommen« traf es nicht ganz: Sie hatte hart dafür gekämpft. Um einen eigenen Schreibtisch, einen Arbeitsplatz und auch Studenten, Diplomanden und Dissertanten, ihre ersten »Lab Kids« – Dissertantinnen und Dissertanten, die in ihrem Labor arbeiteten und ihre Doktorarbeiten schrieben. Neben der Tür ihres Büros hängte sie ein Schild auf: »Ich sitze hier gegen den Willen des Institutsvorstandes.«

Renée wollte bleiben. Sie ging zu den Vertretern des Mittelbaus an der Uni, die Anlaufstelle für alle

Nicht-Studenten und Nicht-Professoren. Helga Kolb und Wolfgang Kromp, später beide weit über die Welt der Wissenschaft hinaus bekannt, saßen in der Personalkommission und nahmen sich Renées Problem an. Sie nahmen sich viel Zeit für ihre Geschichte und rieten ihr schließlich, dass sie unbedingt um Überführung in ein permanentes Dienstverhältnis ansuchen sollte. Dass sie die Entscheidung ihres Chefs nicht kampflos hinnehmen sollte. Der Rat der beiden Interessenvertreter: Renée solle internationale Gutachten einholen, die die Qualität ihrer wissenschaftlichen Arbeit bestätigen.

Denn die Chefs vom Institut hatten mich natürlich negativ begutachtet. In den Gutachten stand, dass ich wissenschaftlich nichts auf die Reihe gebracht habe. Womit sie ja auch recht hatten, zumindest wenn man es an der Anzahl der Publikationen maß: Wegen der Kinder und weil ich in Amerika gewesen war, hatte ich ein vier- oder fünfjähriges Publikationsloch. Aber der Grund dafür war ihnen egal. Das Kinderkriegen wurde nicht berücksichtigt. Ich war also schon in einer schwierigen Situation. Interessanterweise gab es auch noch einen männlichen Kollegen am Institut, der in der gleichen Situation war. Der sagte, so einen Kampf hält er nicht durch. Er hat gar nicht um Verlängerung angesucht und ist freiwillig gegangen.

In dieser Zeit, der Zeit der Unsicherheit und der Kämpfe, gab es immer wieder Menschen, die Renée unterstützten und bestärkten. Einer davon war Walter Keller, ein in der Schweiz tätiger RNA-Forscher, den Renée schon zur Zeit ihrer Dissertation getroffen hatte.

Der Walter Keller hat mir gesagt: »Mach dir eine Shitlist. Nimm ein Papier und schreib dir alle Leute auf, die dir das Leben schwer machen. Und dann sprich auch mit den Leuten – sag ihnen, dass sie auf deiner Shitlist stehen.« Das habe ich dann auch gemacht. Da standen sicher zwischen fünf und zehn Leute drauf, je nachdem. Man kann sich ja auch wieder herunterarbeiten von der Shitlist. Das Interessante dabei ist: Wenn du zu jemandem sagst, dass er auf deiner Liste steht, sind alle ganz neugierig. Und alle fragen als Erstes: »Und wer ist noch auf dieser Liste?« Die Shitlist funktioniert wirklich. Du kannst jemandem mitteilen, dass du was gegen ihn hast, er kann aber nicht wirklich böse sein, weil es jegliche Aggression verliert, wenn man sagt: »Du stehst auf einer Liste.« Und nicht: »Du bist ein Arsch.« Das ist schon genial.

1990 war ein Jahr, in dem Renée auch überlegte, welche Alternativen sie hatte. Öffentlichkeitsarbeit hätte ihr gefallen, vielleicht im Naturhistorischen Museum. Die Industrie wäre auch eine gute Alternative zur Uni gewesen. Es war ein Jahr, das für sie eine einzige Anstrengung bedeutete. Am Silvesterabend zog sie Zwischenresümee. Drei Dinge waren es, die sie unbedingt erreichen wollte: die Verlängerung ihrer Stelle, die Veröffentlichung eines wissenschaftlichen Papers, das sie eingereicht hatte, in der Fachzeitschrift *Nature* und ein Forschungszuschuss vom FWF, den sie beantragt hatte. Sie überlegte, welches dieser drei Dinge sie am dringendsten wollte. Sie konnte sich nicht entscheiden – eigentlich wollte sie alle drei um jeden Preis.

In den ersten zwei Wochen des Jahres 1991 sind dann alle drei Dinge durchgegangen. Das war für mich ein Wendepunkt. Der Anfang des Jahres 1991, eines meiner beiden Wunderjahre.

In diesem Jahr, ihrem ersten Wunderjahr, wendete sich ihr Blatt: Sie veröffentlichte insgesamt drei wissenschaftliche Papers, eines davon erneut in *Nature*, dem renommiertesten naturwissenschaftlichen Journal der Welt. Das Forschungsgeld wurde bewilligt. Ihre Stelle wurde verlängert.

Schon aufgrund der Papers wäre es ab diesem Zeitpunkt schwierig geworden, ihre Leistungen zu ignorieren oder herabzuwürdigen. Doch auch die Personalkommission war auf ihrer Seite. Eine Kommission, die aus den Mittelbauvertretern sowie Vertretern von Professoren und Studenten bestand, stimmte über ihren Verbleib am Institut für Mikrobiologie und Genetik ab. Und sie stimmte für Renée. Eine Wende, die nicht nur für sie selbst entscheidend war.

Auch die, die nach mir kamen, haben davon profitiert. Ich war sicher eine, die den Weg geebnet hat; die gezeigt hat, dass man sich gegen Entscheidungen auch wehren kann, erfolgreich wehren kann. Dass man doch permanent übernommen wird, wenn man Leistungen erbringt und kämpft. Der Kampf, das muss ich schon sagen, ist dann auch beigelegt worden. Rudolf Schweyen hat aufgegeben, und wir waren ab dann sehr professionell im Umgang miteinander. Es gab keine Probleme mehr. Ich habe alles erfüllt, was er von mir verlangt hat, und er war dann eigentlich schon sehr korrekt. Er hatte eingesehen, dass er den Kampf verloren hatte.

Renées wissenschaftliche Karriere nahm nun endgültig Fahrt auf. Dabei half ihr auch der Zufall: Es war bekannt, dass die Aminosäure Arginin eine Guanidiniumgruppe hat, die eine bestimmte chemische Reaktion, das Splicing von Gruppe-I-Ribozymen, inhibiert. Renée hatte einige Studierende, die bei ihr ein Mikrobiologie-Praktikum machten. Sie sollten Streptomycin-resistente Bakterien isolieren. Einer der Studenten sollte die chemische Struktur von Streptomycin – einem Antibiotikum, auf das einige Bakterien resistent werden – ins Protokoll schreiben. Und als Renée die Formel betrachtete, fiel ihr auf: Es verfügte, genau wie Arginin, über diese Guanidiniumgruppe. Womöglich, dachte Renée, ist genau diese Guanidiniumgruppe der Grund dafür, warum diese Reaktion inhibiert wird; vielleicht ist das der Grund dafür, dass das Streptomycin an die RNA binden kann.

Ich habe das daraufhin gleich in einem Experiment überprüft. Und bingo. Das war die Entdeckung, dass ein Antibiotikum die katalytische RNA inhibiert. Das erweckte großes Interesse. Denn zu dieser Zeit war eine bestimmte Gruppe Antibiotika, die Aminoglykosid-Antibiotika, dafür bekannt, dass sie die Proteinsynthese hemmen. Und diese Synthese passiert am Ribosom. Das Ribosom besteht aus RNA und Proteinen. Es gab zwei Schulen, die einen haben gesagt: Die Proteine sind die, welche die Reaktion katalysieren. Und die anderen haben gesagt: Es ist die RNA. Unsere Experimente waren ein starker Hinweis, dass die Antibiotika, die das Ribosom inhibieren, auch katalytische RNA inhibieren. Dass es also die RNA ist, die am Ribosom die Aktivität hat. Das war schon eine große Sache.

Aus diesem Experiment entstand 1991 ein Paper mit dem Titel »Antibiotic inhibition of group I ribozyme function«, das viel Aufmerksamkeit erhielt. Als Autor wird neben Renée auch Julian Davies genannt. Er war zu jener Zeit der Antibiotika-Papst, forschte am Institut Pasteur in Paris. Antibiotika sind ein gleichermaßen unübersichtliches wie riesiges Forschungsgebiet, in dem sich Renée nicht gut auskannte. Ihr war schwindlig geworden beim Versuch, sich einzulesen. Und sie hatte Julian Davies gefunden, zu dem sie gemeinsam mit ihrem ersten Dissertanten (und dritten Autor des Papers) Uwe von Ahsen fuhr.

Davies hatte in seinem Labor einen Schrank mit Hunderten winzigen Schubladen, in jeder befand sich ein anderes Antibiotikum. Renée diskutierte mit ihm, sie überlegten, welche Antibiotika sie noch testen könnte für ihre Arbeit. Davies wusste alles auswendig, griff in ein paar Schubladen und überreichte Renée kleine gefaltete Papierbriefchen mit Pulver drin. Wie Drogendealer kamen sie sich vor, als sie damit zurück nach Wien fuhren, wo sie sofort mit entsprechenden Tests begannen. Viele Antibiotika reagierten. Und bestätigten damit Renées Hypothese.

Für ein solches Paper musst du alle deine Daten, deine Experimente zusammenfassen und einreichen. Beim Journal gibt es einen Editor, der das Paper vorbegutachtet. Danach kommt es zum Peer-Review, wo andere Forscher es anschauen, und dann wird entschieden, ob es publiziert wird. Damals war es üblich, dass der Institutsvorstand auf jedem Paper als Hauptautor hinten draufsteht. Und ich hab den Institutschef Rudolf Schweyen nicht draufgeschrieben. Warum sollte ich? Er hatte nichts dazu beigetragen! Da waren alle am Institut ganz entsetzt: »Was, der Rudolf ist nicht auf dem Paper?«

Das war schon ein bissl eine Revolution. Weil für die alten Professoren bedeutete das: Wenn sie Publikationen in ihrem Namen haben wollen, müssen sie dafür auch etwas tun – und nicht nur ihre Assistenten schuften lassen und sich hinten draufschreiben. Das war tatsächlich üblich. Ich fand das letztklassig. Ich kann mich genau erinnern, dass ich mir gedacht habe: Unglaublich, was das für eine Kultur ist. In Deutschland war das noch viel schlimmer. Ich war einmal bei einem Professor, der mich zu einem Vortrag eingeladen hatte und mir sein Büro zeigte: »Schauen Sie, das sind meine 300 Publikationen.« Ich habe ihn gefragt: »Und wie viele davon haben Sie gelesen?« Da war er urangefressen.

Das war auch so ein Kampf. Es hat dann aber tatsächlich einen Kulturwandel gegeben. Vom hierarchischen zu einem eher ausgeglichenen System. Es ist so viel motivierender, wenn man selber wissenschaftliche Theorien aufstellt und selbst verantwortlich ist für die Arbeit. Heutzutage ist es selbstverständlich, dass die, die die Arbeit machen, vorne als Erstautoren draufstehen. Der Gruppenleiter und meistens der Kopf der Arbeit steht noch hinten.

In ihrem ersten Wunderjahr veröffentlichte Renée insgesamt drei wissenschaftliche Papers in den weltweit renommiertesten Journals. Ihr Platz in der internationalen Welt der Wissenschaft war damit fix für sie reserviert. Renées erster großer Kampf war geschlagen. Und sie ging als Siegerin daraus hervor.

Doch auch wenn es für sie nun keine dringenden Überlebenskämpfe mehr gab, engagierte sich Renée weiter, indem sie sich für andere Frauen einsetzte. In den 1990er-Jahren änderte sich vieles zum Guten für die Frauen an der Universität Wien. Davon zeugen etwa die Gleichbehandlungskommission oder das Mentoring-Programm, das direkt vom Rektorat eingesetzt wurde. Renée war von Anfang an als Mentorin aktiv. Eine Rolle, die ihr gefiel.

Das hat mir immer sehr getaugt. Alle meine Mentees liebe ich heiß, und ich habe zu allen ein super Verhältnis. Für mich ist das Spannende dabei nicht, dass ich ihnen sage, was sie zu tun haben, sondern dass ich ihnen dabei helfe, dass sie das, was sie gerne machen möchten, auch erreichen können. Aus eigener Kraft. Super ist auch, dass es Peer-Mentoring ist, also das Verhältnis Mentorin–Mentee nicht eins zu eins ist, sondern es eine Gruppe von vier Mentees gibt, die zueinander nicht unbedingt in Konkurrenz stehen. Das bringt unheimlich viel. Diese Gruppe, in der du Dinge besprechen kannst, für die sonst kein Platz ist. Nicht im Freundeskreis, nicht in der Familie und nicht am Arbeitsplatz.

In diesen Jahren begann sich die »Schroeder Group« zu etablieren. Eine solche Gruppe, so sagt Renée, sei ein Aspekt in der Forschung, dem viel zu wenig Beachtung geschenkt werde. Dabei sei sie der Schlüssel, nicht nur zu guter Forschung, sondern auch zu einem guten Leben in Hinblick auf eine ausgeglichene Balance zwischen Arbeit, Karriere und Leben.

Eine Forschungsgruppe ist etwas Spezielles, etwas Sensibles. Ihre Mitglieder müssen an einem Strang ziehen und zusammenarbeiten, sollten sich kollegial verhalten und sich gegenseitig unterstützen. Der Gruppenleiterin fällt die Aufgabe und Verantwortung zu, ein gutes Team zusammenzustellen und die Aufgaben so zu verteilen, dass alle zufrieden und gut ausgelastet sind. Als Gruppenleiterin verbringt man viel Zeit mit seinen Mitarbeitern und Mitarbeiterinnen, man sieht sich jeden Tag für ein paar Jahre, geht gemeinsam durch Hochs und Tiefs.

Als Gruppenleiterin hat man enorme Verantwortung, denn diese jungen Leute vertrauen dem Leiter oder der Leiterin etwas sehr Wertvolles an: ihre Zukunft! Dessen muss sich jeder bewusst sein. Was derzeit aber zu beobachten ist: Leider empfinden viele junge Gruppenleiter und Gruppenleiterinnen weder Empathie noch Verantwortung für ihre Mitarbeiter, beuten sie möglichst lange aus und lassen sie dann fallen. Das ist sehr destruktiv für die Forschung! Hier habe ich einen Appell an alle Forschungsleiter und -leiterinnen, Männer wie Frauen: Eure PhD-Studenten und Postdocs arbeiten sicher viel besser, wenn sie gerne für euch arbeiten!

Die »Schroeder Group« hatte von Anfang an einen ganz besonderen Ruf: Dort fühlte man sich wohl. Die »Schroeder Lab Kids« galten als besonders frei und selbstständig, waren oft besonders gut miteinander befreundet. Dort war es lustig, zwanglos, und es galt das

Motto: »Einmal Schroeder Lab Kid – immer Schroeder Lab Kid.« Lustig war, erinnert sich Renée, dass es sehr viele Schwule und Lesben als »Lab Kids« in die »Schroeder Group« zog. Zufall? Oder fühlten sie sich angezogen von Renée, die anders war als die anderen Professoren? Jedenfalls gab es Zeiten, da bestand ihre Gruppe ausschließlich aus Homosexuellen.

Da war ein Amerikaner, Bob, der auch die Aufnahme geschafft hatte und zu mir gekommen ist, um seinen PhD zu machen. Bei seiner Vorstellungsrunde durchs Institut hat ein anderer Student ihn gefragt: »Are you gay?« Er war ganz irritiert: »Why?« – »Because you are going to the Schroeder Group.«

Die »Schroeder Group« brachte in dieser Zeit auch ein Patent hervor. Renée meldete es selbst an, nachdem das Institut und der FWF abgewinkt hatten – keiner hatte Interesse daran gehabt. So reichte Renée es gemeinsam mit ihrem Dissertanten Uwe von Ahsen und Julian Davies selber ein und bezahlte aus eigener Tasche dafür. Es ging dabei um ein Bakterium, *Pneumocystis carinii.* HIV-Patienten waren oft an einer von diesem Bakterium verursachten Lungenentzündung gestorben.

Dieser Erreger hat ein Gruppe-I-Intron, welches, wie wir gezeigt hatten, durch Aminoglykosid-Antibiotika gehemmt wird. Deshalb habe ich im Patent vorgeschlagen, dass es eine wirkungsvolle Therapie wäre, Aminoglykoside gegen diese Pathogene, die diese Gruppe-I-Introns haben, zu verwenden.

Die Anmeldung des Patentes war teuer – nicht für Österreich, da kostete es nur ungefähr 2000 Schilling. Aber um es weltweit anzumelden, musste die Beschreibung in alle Sprachen übersetzt werden. Insgesamt kamen die Kosten auf 400 000 Schilling. Etwas nervös war Renée. Doch das Patent zahlte sich aus: Sie verkaufte es an eine

Pharmafirma und bekam rasch das Doppelte ihrer Investition wieder zurück – und jährlich etwas Geld, das sie in ihr Labor investieren konnte.

Renées Forschung war indessen dabei, sich zu verändern. Praktisch die gesamten 1990er-Jahre, von ihrer Rückkehr aus den USA 1989 bis ins Jahr 2000, hatte sich Renée der Antibiotika-RNA-Wechselwirkung gewidmet. Doch irgendwann kam der Wunsch in ihr auf, ihr Forschungsfeld zu verändern, zu erweitern. Sie wollte nicht immer das Gleiche machen, vor allem weil die Pharmaindustrie sich auf die Antibiotika gestürzt hatte und Renée diesen Sog als störend empfand. So fand sie ein neues Forschungsfeld. Oder war es umgekehrt? Jedenfalls verbrachte sie ihre nächsten zehn Jahre als Forscherin mit der Faltung der RNA – ein relativ neues Gebiet, an dem erst eine Handvoll Forschungsgruppen in Amerika arbeitete. Die RNA ist sehr unfähig, sich selbst zu falten. Doch nur durch Faltung kann sie Aktivität entwickeln. Sie braucht dafür allerdings die Hilfe von Proteinen, den sogenannten RNA-Chaperonen.

Heute gibt es sehr viele Forschungsgruppen, die sich in diesem Feld betätigen. Ich arbeite inzwischen nicht mehr daran. Aber ich war jetzt erst vor Kurzem eingeladen bei einem Kongress, wo ich meine ganzen alten Arbeiten vorgestellt habe. Es ist schon immer noch ein relevantes Thema. Oft werde ich gefragt, ob meine Forschung konkrete Ergebnisse gezeigt hat, ob Medikamente entwickelt worden sind oder sonstiges. Nein. Es ist Grundlagenforschung. Und ich wehre mich dagegen, dass es immer einen direkt messbaren Nutzen geben muss. Es geht um Wissen. Diese Rechtfertigung, dass es für die Medizin wichtig sein muss, das ist anstrengend und egozentrisch. Der Mensch ist so: Wir machen nur das, was uns Menschen hilft. Dabei geht es um etwas viel Grund-

sätzlicheres, nämlich darum, zu verstehen, wie die Dinge funktionieren.

Im Jahr 2003 wurde Renée mit dem Wittgenstein-Preis ausgezeichnet, wurde zur Wissenschaftlerin des Jahres (für das Jahr 2002) gewählt, in die Akademie der Wissenschaften aufgenommen und organisierte ein weltweites RNA-Meeting in Wien – einen riesigen Kongress mit Ball im Rathaus und allem Drum und Dran. Es war ihr zweites Wunderjahr.

Am Tag, an dem der Wittgenstein-Preis vergeben wurde, hatte mein Sohn Constantin mündliche Matura. Ich habe mir in der Früh wieder überlegt: Was ist mir wichtiger? Seine Matura oder der Wittgenstein-Preis? Ich war immer so, dass ich mir das überlegt, eine Auflistung für mich gemacht habe. Jedenfalls bekam ich so gegen 13 Uhr eine E-Mail vom FWF, dass ich den Preis bekommen habe. Und quasi gleichzeitig ruft mich der Constantin an: »Du, Mama, ich war halb erfolgreich.« Zwei von vier Prüfungen hatte er geschafft, bei den anderen beiden war er durchgefallen. Er hat sich wahrscheinlich gewundert, dass ich trotzdem so gut drauf war: »Du bist ganz locker?« – »Ja, ich hab den Wittgenstein-Preis bekommen.« Das sind so Momente im Leben.

Renée hatte gewusst, dass sie nominiert war. Sie wusste auch, dass das Gremium des FWF, der den Preis einmal im Jahr vergibt, an diesem Vormittag tagen würde. Aber sie wusste nicht, wie es dann weitergehen würde. Würde es ein Anruf sein? Eine E-Mail? Den Preis zu bekommen, das bedeutete Renée viel: Wittgenstein-Preisträgerin zu sein, das ist der Ritterinnenschlag in der Forschung – nicht nur in Österreich. So sehr sie sich an diesem Nachmittag über die Auszeichnung freute: Was es tatsächlich ausmachte, merkte Renée erst nachträglich.

Es war genau wie das erste Nature-*Paper: Es änderte alles. Erst bist du ein Niemand, der nicht einmal einen Schreibtisch haben soll. Und dann wird alles, was du von dir gibst, niedergeschrieben, zitiert und wichtig. Du bist aber der gleiche Mensch. Obwohl ich schon zehn Jahre vorher, als die EMBO – die European Molecular Biology Organization – alle Biochemiegruppen evaluierte, als eine der Besten bewertet worden bin, wollten sie mich rausschmeißen. Und dann, als Wittgenstein-Preisträgerin, war ich plötzlich die Vorzeigeforscherin, die überall vorgeschoben und herumgereicht wurde. Aber natürlich hatte das die Wirkung, dass ich viel mehr erreichen konnte. An der Uni, in der Stadt Wien, auch als Mentorin. Ich setzte mich für andere Leute ein, und es ging durch. Weil die Leute wussten: Was ich sage und mache, ist kein Blödsinn.*

Renée wurde zum Aushängeschild. Für die Wissenschaft. Und für den Wissenschaftsstandort Wien. Ein Standort, der sich analog zu Renées Karriere entwickelte, wuchs und gedieh. Begonnen hatte das mit dem Institut für Molekulare Pathologie, dem IMP, schon Mitte der 1980er-Jahre: Der deutsche Pharmakonzern Boehringer Ingelheim und die amerikanische Genentech taten sich zu diesem Joint Venture zusammen. Der Schweizer Max Birnstiel wurde der Direktor des IMP, das in Wien seinen Standort haben sollte. Weil es aber eine Mindestgröße brauchte, eine kritische Masse, um etwas bewirken zu können, um Aufmerksamkeit auf sich zu ziehen, handelte Birnstiel aus, dass alle Institute, die in Wien molekularbiologisch arbeiten, an einem Ort vereint werden sollten. Die Nähe zum IMP war für alle Forscherinnen und Forscher der Uni sehr wichtig, weil da ein anderer Wind wehte.

Daraufhin wurde in der Dr.-Bohr-Gasse im dritten Bezirk ein großes gemeinsames Gebäude errichtet: das

Vienna BioCenter. 1992 übersiedelten alle Institute dorthin, es waren insgesamt fünf – darunter auch das Institut, an dem Renée arbeitete und das sie Anfang der 1980er-Jahre mit aufgebaut hatte: das Institut für Mikrobiologie und Genetik. Es tat sich etwas in Wien, Aufbruchsstimmung lag in der Luft. Dazu trug auch der FWF bei, mit dem Renée immer eng verbunden war – nicht erst seit ihrer Auszeichnung mit dem Wittgenstein-Preis.

Wenn es eine Institution gibt, die Projekte fördert, hat jeder, der gute Projekte hat, die Möglichkeit, daran zu arbeiten. Wenn es das nicht gibt, hast du kein Geld, und dann musst du betteln gehen und schauen, dass du von deinem Chef, von der Uni Geld bekommst. Wenn es so etwas wie den FWF gibt, kannst du eine Idee umsetzen, unabhängig von jemand anderem. Der FWF hat mich gerettet. Ich habe vom FWF so oft Projekte finanziert bekommen, ich wurde enorm gefördert. Dadurch konnte ich eigene Studenten haben, konnte selbstständig forschen. Der Professor hatte Geld für Forschung, aber das war sehr wenig. Mittlerweile hat sich das geändert. Aber damals hast du als Assistentin von der Uni kein Geld für Forschung bekommen.

Renée war nach wie vor Assistentin. Ihre Forschung veränderte sich weiterhin, der RNA blieb sie aber treu. Sie begann ein sehr schwieriges Projekt, das war 2006: Sie entwickelte ein System zur Selektion von RNA-Molekülen. Das wurde früher im »Random SELEX«-Verfahren gemacht, bei dem es eine Bibliothek von RNA-Molekülen gibt, die aus zufällig generierten Sequenzen erzeugt wird. Aus diesen Sequenzen wurden jene ausgewählt, die eine gesuchte Funktion haben. Das Problem dabei: Das waren Milliarden und Abermilliarden von Molekülen, 10 hoch 15, die dabei generiert wurden. Die Idee des neuen Projektes war, nicht nach Zufallssequenzen zu su-

Foto: Privat

Renées Eltern Annette und François, 1949

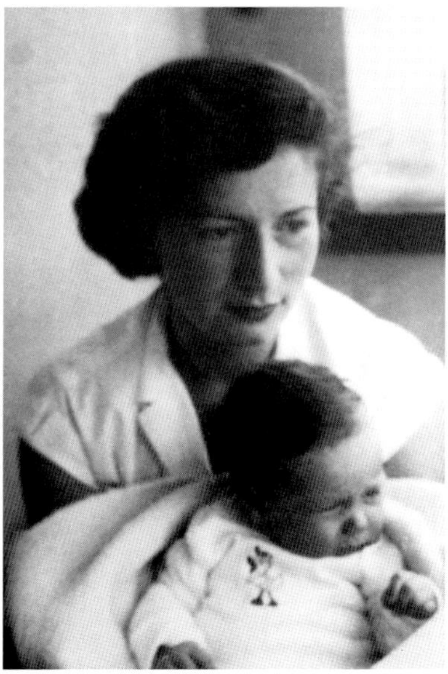

Foto: Privat

Renée auf dem Schoß ihrer Mutter, 1953

Die ersten Passfotos: 1954 und 1957

Foto: Privat

Foto: Privat

Renée während einer Europareise in Südfrankreich, 1957

Foto: Privat

Wenige Wochen nach ihrer Ankunft in Bruck an der Mur:
Renée (mit Brille) und ihre Schulfreundinnen, 1967

Mädchen VON HEUTE

Reneé Schroeder kennt trotz ihres jugendlichen Alters bereits die halbe Welt. In Brasilien aufgewachsen, bereiste sie mit 13 Jahren Zentral- und Nordamerika und landete schließlich nach einem halben Jahr in Europa, wo sich ihre Eltern in Luxemburg niederließen. Doch auch dort war der Aufenthalt nach einem Jahr zu Ende...

Reneè Schroeder bereiste die halbe Welt.

Berufliche Veränderungen ihres Vaters wollten es, daß sich die Familie in Bruck ansiedelte, wo Dipl.-Ing. Schroeder heute Vorstandsdirektor von Felten & Guilleaume ist. Seine 17jährige Tochter besucht hier nun das Bundesrealgymnasium mit gutem Lernerfolg.

Von Reiselust bereits angehaucht, gondelte sie in den Ferien der letzten Jahre quer durch England, Norwegen und Frankreich, aber auch die Riviera, Griechenland, Ägypten und Israel besuchte die aufgeschlossene Reneé. Ihre Interessengebiete erstrecken sich von Staatsreformen und Politik über Theaterbesuche, Schwimmen und Schilauf bis zum romantischen, nächtlichen Schaufensterbummel in der Großstadt. Sie ist verspielt wie eine Katze, amüsiert sich oft stundenlang über Kleinigkeiten, kann aber plötzlich auch sehr sachlich und kritisch werden. Ihre Fremdsprachen, im besonderen Portugiesisch (von Kindheit an), französisch und seit 1963 Englisch, haben es der ausgelassenen Reneé besonders angetan und ihre vielseitigen Auslandsreisen kommen ihr dabei sehr zugute.

Über ihre Zukunftspläne befragt, antwortet dieser spitzbübische Typ mit dem Sommersprossengesicht sehr zielbewußt: „Nach der Matura besuche ich die Schauspielschule am Reinhard-Seminar, wo ich die Übersetzung von Theaterstücken in andere Sprachen anstrebe. Wien oder Paris habe ich ins Herz geschlossen und dort möchte ich auch leben".

E. Schedlbauer

Foto: Privat

Der *Obersteirer* interviewt Renée 1968 zu ihren Zukunftsplänen

Foto: Privat

Renée maturiert in Chemie, 1972

Foto: Privat

Bei einem Festival im Geiste von »Woodstock«, Nizza 1969

Foto: Privat

Promotionsfeier, 1981

Foto: Privat

Mit Michael in Paris, 1982

Foto: Privat

Am Tag vor Constantins Geburt in Südfrankreich, 1985

Foto: Privat

Fabian (li.) und Constantin, 1986

Foto: Privat

Renée und ihre Kinder in Amerika, 1989

Foto: Privat

Renée und ihr erster Dissertant Uwe von Ahsen, 1990

Foto: Privat

Renée bekommt ein Fax – ihr Paper wurde im Journal *Science* angenommen, 1993

Foto: Privat

Die »Schroeder Group«, 2003

Foto: Privat

Lisl, Andrea und Renée (v. l. n. r.) in En Gedi am Toten Meer, 2008

Foto: Privat

Foto: Privat

2009 stellen Renée, Heinzi und Rudi ihr WG-Foto von 1973 nach

Foto: Privat

Der alte Leierhof, 2012

Foto: Stefan Knittel

Der neue Leierhof, 2018

Foto: Privat

Schwiegertöchter, Söhne, Enkelkinder: Thesi, Constantin, Marlies und Fabian mit Leopold, Sophia und Valentin, 2017

Foto: Privat

Renée mit ihren Enkelkindern Sophia, Valerie, Leopold (hinten), Moritz und Valentin (vorne) am Leierhof, 2018

Foto: Stefan Knittel

Die Kräuterküche auf dem Gelände des Leierhofes ist Renées neuer Arbeitsplatz, 2018

Foto: Stefan Knittel

Renée, die Leierhof-Bäuerin, 2018

chen, sondern Genome wie Bibliotheken zu organisieren: Ein Genom wurde in kleine Sequenzen zerschnitten, in RNA übersetzt und die Eigenschaften dieser RNAs festgestellt. Für diese Bibliothek zogen Renée und ihre Gruppe verschiedene Genome heran: das menschliche, aber auch die Bierhefe- und Bakteriengenome.

Was mich dabei am meisten interessiert hat, war die Frage, ob es RNAs gibt, die ihre eigene Synthese kontrollieren. Das war es eigentlich, was mich von Anfang an angetrieben hat. Es ist nichts anderes und nicht weniger als die Frage nach dem Ursprung des Lebens. Der Beweis dafür, dass das Leben selbstreguliert ist.

Es war auch die Zeit, in der Renée Professorin wurde. Eine Funktion, um die sie – erneut – kämpfen musste: Helmut Ruis, Professor für Biochemie, war verstorben. Renée bewarb sich um seine Nachfolge. Die Nachbesetzung einer Professur folgt einem komplizierten und langwierigen Verfahren: Wird eine Professur frei, bewerben sich meist rund fünfzig Leute um diese Stelle. Eine Kommission arbeitet aus den Bewerbern einen Dreiervorschlag aus und legt diesen in einer Reihung dem Rektor der Universität vor. Es wird diskutiert, verhandelt, eingeladen, manche Bewerber sagen wieder ab – es ist eine lange Prozedur. Doch Renée war nicht auf dem Dreiervorschlag.

Es gab einen Professor, Gerhard Wiche, der mich verhindern wollte. Er stand auch auf meiner Shitlist. Ich hab mir die drei Leute auf der Liste angeschaut und mir gedacht: Keiner der drei ist annähernd so erfolgreich wie ich. Also habe ich dem Rektor Georg Winckler ausrichten lassen: Wenn er einen von den dreien nominiert, werde ich die Uni verklagen, weil sie nicht den am besten geeigneten Kandidaten ausgewählt und mich diskriminiert haben. Ich hätte der EMBO die Sache geschildert, hätte meine Bewerbung hingeschickt, ihnen die drei Bewerber genannt und um ein unabhängiges vergleichendes Gutachten gebeten. Und dann hätte ich geklagt. Ich war so zornig! Der Rektor wusste damals gar nicht, wer das ist, diese Schroeder, aber ihm wurde gesagt: »Pass auf, wenn die das sagt, dann macht die das auch.«

Auch wenn der Rektor Renée vielleicht nicht auf Anhieb kannte: Sie war schließlich Trägerin des Wittgenstein-Preises, der ebenso hoch angesehen wie dotiert ist. Sie hatte ihre wissenschaftlichen Anliegen mit diesem Geld unabhängig gemacht und hätte das Institut jederzeit mitsamt ihrer Forschung verlassen können. Ihm musste rasch klar sein: Mit Renée ist nicht gut Kirschen essen – schon gar nicht, wenn es um Ungerechtigkeit geht.

Und der Rektor reagierte. Er beauftragte die Kommission, einen neuen Dreiervorschlag zu erstellen, diesmal mit den Bestqualifizierten. Die Kommission schickte aber wieder den gleichen Vorschlag wie zuvor und bestand auf ihrer Meinung: Doch, das seien die Besten. Der Rektor hatte keine Wahl: Würde er einen der drei Favoriten der Kommission ernennen, würde er verklagt. Er fand sich in einer Pattsituation wieder.

Und dann hat er gar nichts gemacht. Er hat diese Professur einfach nie nachbesetzt.

Erst 2007 bekam Renée endlich eine richtige Professur. Es war eine sogenannte Paragraf-99-Professur, also eine, die hausintern ausgeschrieben wird. Hausnennungen waren bis zur Novelle des Universitätsgesetzes 2002 nicht möglich. Mit der Novelle gab es aber die Möglichkeit, Leute auf dieser Schiene auch intern auf eine Professur befördern zu können. Von 2007 bis 2012 dauerte Renées erste Professur, danach wurde sie erneut evaluiert und noch einmal für fünf Jahre verlängert.

Kurz danach bin ich eh schon in Pension gegangen. Die Professur kam sehr spät, aber mir war das wurscht. Viele meiner Kollegen waren und sind immer Mittelbau geblieben. Für mich war das kein Thema, ich konnte meine Projekte trotzdem machen. Es ist sogar so, dass man im Mittelbau besser arbeiten kann, weil die ganze Administration wegfällt. Vielleicht ging es mir ums Prinzip bei diesem Dreiervorschlag. Es hat mich einfach zornig gemacht, dass drei ernannt wurden, die überhaupt nicht die Besten waren.

Parallel zu ihrer wissenschaftlichen Karriere gab es für Renée immer auch andere Aufgaben, die ihr wichtig waren. Eng verknüpft mit ihrem Leben als Forscherin, aber eben außerhalb der Universität. Eine der größten Antriebskräfte für ihre vielen Nebenjobs war es, das Wissen aus dem Elfenbeinturm der Wissenschaft hinaus zu den Menschen zu tragen. Schon als 1997 das Gentechnik-Volksbegehren viel Verunsicherung verbreitete, wurde Renée aktiv. Sie versuchte, ihr Wissen gegen das zu stellen, was allgemein geglaubt wurde. Sie arbeitete mit den Volkshochschulen zusammen, hielt Vorlesungen, stellte sich Diskussionen, veranstaltete Tage der offenen Tür im Labor.

Ich glaube, deshalb bin ich von den Wissenschaftsjournalisten letzten Endes auch zur Wissenschaftlerin des Jahres gewählt worden, weil ich da viel Aufklärungsarbeit geleistet habe. Die Grünen haben da wirklich einigen Blödsinn angerichtet, indem sie vermittelt haben, ein Gen sei was Böses. Sie haben den Leuten Angst vor Genen gemacht, statt sie zu bilden. Das ist Politik mit der Angst. Was mir gefallen hat, war, dass mich die nichtwissenschaftlich gebildeten Leute bei Vorträgen und Vorlesungen gefragt und gefragt und gefragt haben. Da war ein unheimlicher Wissensdurst. Wie bei einer Vorlesung über Antibiotika an der VHS in Simmering, die von 18 bis 20 Uhr angesetzt war: Um Mitternacht sind wir immer noch gesessen und haben diskutiert. Weil die Leute so viele Fragen hatten, über Resistenzen und so weiter. Da saßen aber keine hochgebildeten Leute, sondern Arbeiter.

Sieben Jahre lang, von 1998 bis 2004, war Renée Österreichs Delegierte bei der EMBO, der European Molecular Biology Organization. Eine Funktion, die ihr wichtig war – nicht nur, weil sie zu Beginn ihrer Karriere zweimal ein EMBO-Stipendium bekommen hatte, einmal für München, dann für Paris. Zweimal im Jahr fuhr sie als Delegierte zusammen mit einer Vertreterin des Ministeriums nach Heidelberg, dem Sitz der EMBO, wo es darum ging, welche Gelder für welche Forschungszwecke verwendet werden sollen.

Ihr Job als EMBO-Delegierte überschnitt sich mit ihrer Berufung in die Bioethikkommission beim Bundeskanzleramt. Als eines von rund zwanzig Mitgliedern wurde sie für eine Periode von drei Jahren einberufen: Zwischen 2004 und 2007 war Renée in der Kommission, die sich mit ethischen Fragen aus Medizin und Biologie befasst, Vorschläge, Empfehlungen und Gutachten zu medizinethischen Themen erstellt.

Die Arbeit in der Bioethikkommission war für meine persönliche Entwicklung sehr wichtig. Die Diskussionen, die Entscheidungen – das hat mich geprägt. Vor allem Entscheidungen zu fällen, die andere Menschen betreffen. Willst du jemandem sagen: »Dieses Kind musst du auf die Welt bringen«? Da ging es um die grundlegendsten Fragen überhaupt. In dieser Zeit bin ich draufgekommen: Man kann niemandem vorschreiben, was er zu tun hat. Man kann nur dafür sorgen, dass er alle Informationen zur Verfügung hat, um sich selbst eine fundierte Meinung zu bilden und dann entscheiden zu können.

Aus der Bioethikkommission schied Renée aus, als sie Vizepräsidentin des FWF wurde. Beide Jobs wären zu viel gewesen. Beim FWF war sie zuständig für Biologie und Medizin – und für Frauenförderung. Die Jahre als FWF-Vizepräsidentin waren eine Zeit, in der Renée Einblick in Förderungen und Gutachten bekam. Es war, wie sie sagt, eine tolle Zeit, vor allem weil es gute Leute waren, die damals im FWF mit ihr zusammenarbeiteten. Da gab es den »kleinen« und den »großen« Kratky: einer, Gerhard, war Geschäftsführer; der andere, Christoph, Präsident. Und Renée lernte viel.

Der Christoph Kratky war ein super Präsident. 2009 kam aber ein Einbruch. Der FWF gehörte budgetär ab diesem Jahr allein dem Wissenschaftsministerium, es gab weniger Geld. Beim FWF habe ich Höhen und Tiefen erlebt. Aber ich bin ein Fan des FWF, nach wie vor. Dabei war das eigentlich Spannende, zu sehen, was andere Leute an anderen Instituten so machen. Das hat mich immer interessiert. Und ich habe gemerkt, wie wichtig es ist, für die Projekte der anderen zu kämpfen. Das habe ich auch weiterhin getan.

Hydrophobe Wechselwirkung

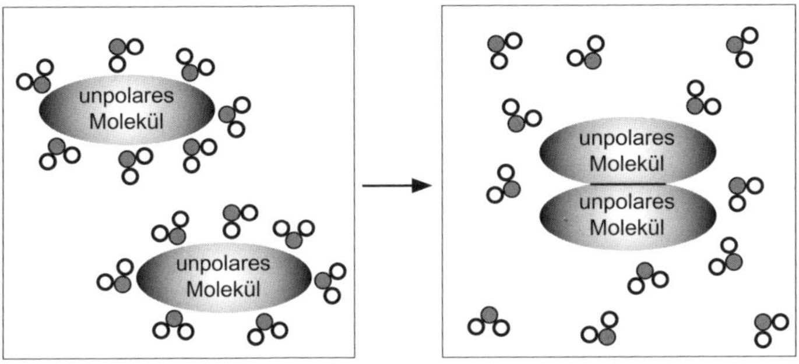

Einige chemische Stoffe sind nicht wasserlöslich. Sie sind apolar und können keine Wasserstoffbrückenbindungen eingehen.

Diese Stoffe vermischen sich nicht mit dem sie umgebenden Wasser.
Dazu bräuchte es Emulgatoren: Substanzen, die sich sowohl in Wasser als auch in Fett lösen und dafür sorgen, dass sich die beiden verbinden.

Hydrophobe Stoffe wechselwirken aber untereinander, unter Ausschluss von Wasser.

KAPITEL 8

Renée und ihr Mangel an Diplomatie

Professorin, Leiterin ihrer eigenen Forschungsgruppe, Vizepräsidentin des FWF, Mitglied der Bioethikkommission, international anerkannte Forscherin – und trotzdem wurde Renée vor allem für eines bekannt: ihren Austritt aus der Österreichischen Akademie der Wissenschaften.

Das ist das Skurrile. Ich habe Hunderte E-Mails bekommen, die meisten voller Begeisterung. Auch ein paar vorwurfsvolle, das waren natürlich die Akademiemitglieder: Ich hätte doch den Dialog suchen sollen, statt alles öffentlich zu machen. Aber ich war neun Jahre dabei und habe den Dialog gesucht – das reicht. Keine zehn Minuten, nachdem die Meldung über meinen Austritt aus der Akademie auf der Seite der APA online war, hat das Telefon angefangen zu läuten; einer nach dem anderen hat angerufen, es war die Meldung des Tages. Das hat mich ein bissl gestresst, dass es so viele Reaktionen gab. Bitte, wieso interessiert das die Leute?

Es hat mich schon gewundert, was das in Österreich anscheinend für einen Stellenwert hat. Dabei wissen die meisten Leute gar nicht, was die Akademie genau ist. Sie denken sich, es ist was Ehrwürdiges. Dabei ist es ein Intrigantenstadel, in dem es viel um Eitelkeiten geht und nicht darum, wofür die Akademie eigentlich sorgen sollte: die Verbreitung von Wissen in Österreich. Das tut sie nicht. Und deswegen ist Österreich immer noch so ein Esoterik-Land.

Renées Problem mit Autoritäten lässt sich aber viel tiefer in ihrer Vergangenheit verorten. Als sie ein kleines Mädchen war, sagte ihr Vater: »Sie ist nicht erziehbar.« Er sagte das nicht verbittert oder verärgert oder resignierend. Er stellte es fest, als Tatsache.

Die Schroeders lebten damals in der Rua Dona Salvadora, Belo Horizonte, Hausnummer 92. Renée war immer auf der Straße unterwegs, spielte mit den Kindern, kostete die Freiheit aus. Ein Stück die Straße hinunter wohnte eine deutsche Familie. Die Deutschen waren nicht sehr beliebt. Die meisten Leute schimpften über sie, was typisch war für die Nachkriegszeit. In Brasilien gab es viele Geflüchtete, man wusste nur nicht: Waren sie vor den Nazis geflüchtet oder vor den Besatzern? Gut oder böse? So wurden alle Deutschen unter Generalverdacht gestellt und gemieden. Die Kinder hatten einen Spruch, einen gemeinen Reim, den sie hinter dem Rücken der Kinder der deutschen Familie aufsagten. Renée erinnert sich noch an den Wortlaut: »Alemão cascudo, carrapato barrigudo.« Es war ein dummer Spruch, und niemand wollte mit den deutschen Kindern spielen. Außer Renée.

Einer der Söhne der Familie hieß Andreas, mit dem hab ich gerne gespielt. Aber anscheinend habe ich einmal diesen gemeinen Vers losgelassen. Weil ich nicht diplomatisch war, wusste ich nicht, dass man nur hinter dem Rücken der Leute schimpft – und nicht direkt in ihr Gesicht. Darüber hatte ich nicht nachgedacht. Die Mutter des Buben ist zu meinem Vater gegangen und hat sich über mich aufgeregt. Sicher hat sie recht gehabt, ich war ja frech. Und er hat dann zu ihr gesagt: »Das Kind ist nicht schlecht erzogen, sie ist unerziehbar.« Das war so ein Witz, den mein Vater sein ganzes Leben lang erzählt hat. Er hat mich einfach so gelassen, wie ich war. Er hat mich nicht gemaßregelt. Er hätte mit mir schimpfen können und mich bestrafen. Aber er hat sich abgehaut und zu mir überhaupt nichts gesagt. Er hat die Deutschen ja auch nicht mögen – kein Wunder bei seiner Vorgeschichte.

Renées Eltern waren nicht autoritär. Es gab bestimmte Regeln, die für Renée aber nie ein Problem waren, weil sie ihr sinnvoll erschienen. Zum Beispiel, dass man zu einer bestimmten Uhrzeit zu Hause sein sollte, weil es ein gemeinsames Abendessen gab. Das war halt so.

Im Grunde waren ihre Eltern abenteuerlustig. Renées Vater, der die Autorität in der deutschen Armee durchlebt hatte, der an der Front war, auf der Krim, obwohl er die Nazis gehasst hat – eine unvorstellbare Situation. Die eigene Individualität zu opfern. François Schroeder war in die Armee eingezogen worden und hatte keinen Widerstand geleistet. Es wäre auch zwecklos gewesen. Diese negative Erfahrung wollten Renées Eltern ganz einfach hinter sich lassen. Dadurch, dass die Kriegszeit so grausam gewesen war, muss dieses Gefühl der Freiheit in Brasilien eine Erleichterung gewesen sein. Die Aufbruchsstimmung; das Gefühl, dass alles besser wird, vernünftiger.

Die Bereitschaft, etwas ganz Neues zu machen und Risiken einzugehen, die war viel größer, als sie es heutzutage bei den jungen Leuten ist. Heute ist man mehr auf Sicherheit bedacht. Was man nicht alles macht aus Sicherheitsgründen. Das war damals nicht der Fall. Meine Eltern haben sich nichts gepfiffen, sie haben einfach gemacht. Und wenn Probleme kamen, wurden sie gelöst. So haben sie mich auch erzogen. Natürlich gab es viele

Unfälle und Krankheiten. Doch es ist langsam, aber sicher immer besser geworden. Ich denke, es ist leichter, in einer schlechten Umgebung zu leben, während alles besser wird, als in einer sehr guten, wo gerade alles anfängt, schlechter zu werden. Weil du natürlich hohe Ansprüche hast. Meine Eltern hatten nach dem Krieg sehr wenige Ansprüche. Sie wollten zuerst überleben und dann ihr Leben etwas besser machen.

Woher kommt der Mangel an Diplomatie, das Infrage-Stellen, das Nicht-Mitläufer-Sein? Bei Renée war es irgendwie schon immer da. Ihre Familie war zwar abenteuerlustig, aber nicht rebellisch wie sie. Eigensinnig zwar, aber nicht so mutig wie sie. Dazu passt die Geschichte mit Renées Erstkommunion, da war sie sieben Jahre alt. Die Nonne, die ihr gesagt hatte, Gott hätte zwei Möglichkeiten für Frauen vorgesehen – Nonne oder Mutter –, wollte, dass Renée zur Kommunion geht. Aber Renée wollte das nicht. Die Nonne sagte: »Du musst.« Renée: »Nein, ich will nicht.« Die Nonne: »Du musst unbedingt.« Renée: »Ich habe aber gesündigt, ich gehe jetzt nicht.« Die Nonne: »Nein, Kinder sündigen nicht.« Renée: »Aber ich will nicht. Der Gott ist ein Trottel.« Die Nonne war entsetzt. Und hilflos. Mit diesem Widerstand hatte sie nicht gerechnet.

Schon damals war Renée klar, dass sie mit der Kirche ihre Probleme haben würde. Schon früh war sie sich sicher, dass sie nicht heiraten würde. Der Anblick der für Brasilien typischen katholischen Frauen, die sonntags mit schwarzem Schleier in die Messe gingen, bestärkte sie darin. Sie lehnte das für sich kategorisch ab. Als Renée in der zweiten Klasse Volksschule war, widersprach sie ihrer Lehrerin.

Ich weiß nicht mehr genau, worum es ging. Jedenfalls habe ich das, was meine Lehrerin gesagt hatte, für keine gute Idee gehalten. Und das habe ich ihr gesagt. Die anderen Schülerinnen waren völlig entsetzt, dass ich der Lehrerin widersprochen habe. Ich habe mir gedacht: Aha. Wieso? Wieso sollte ich nicht meine Meinung sagen? Die Lehrerin wusste nicht, wie sie reagieren sollte. Es war für sie ungewohnt; sie war nicht darauf vorbereitet, dass eine achtjährige Schülerin ihr sagt, dass etwas nicht gut ist und wie man es anders machen soll. Das ist ein Moment in meinem Leben, der mir in Erinnerung bleibt.

Eine Situation, die wohl Renée und ihre Lehrerin gleichermaßen überraschte. Überrascht war Renée auch, als sie kurz darauf zur Klassensprecherin gewählt wurde. Sie wunderte sich, hätte es nicht erwartet. Offensichtlich hatten ihre Klassenkameradinnen gemerkt: Die macht den Mund auf, die lässt sich nicht alles gefallen.

Es gibt Ereignisse, die etwas verändern, die überraschend sind. Die einem Selbstbewusstsein geben. Und dann macht man in genau dieser Richtung weiter, weil es sich gut angefühlt hat. In der Schule hab ich tatsächlich nie mehr Probleme gehabt. In Brasilien nicht wirklich, und in Europa schon gar nicht. In dem Jahr in Luxemburg hab ich im Grunde machen können, was ich wollte; in Bruck auch. Die Lehrer haben sich zwar manchmal über mein Verhalten aufgeregt, aber es ging nie gegen mich persönlich. Dass ich so eine Art Unikum war, anders als andere, das hat mir die totale Narrenfreiheit beschert. In der Schule hatte ich weiterhin keine Probleme mit Autoritäten, weil die Lehrer mich in Ruhe gelassen haben, als dieses Unikum.

Und auch während des Studiums habe ich das immer wieder gehört – ich sei ein Unikum und eigentlich kein Role Model, weil mich keiner nachmachen wird. Viele haben bei mir Rat gesucht, Männer wie Frauen, die schlecht behandelt worden sind. Sicher, weil mir der Ruf vorausgeeilt ist, dass ich meine Meinung sage und man sich mit mir lieber nicht anlegt.

Während dieser Zeit wurde für Renée der Feminismus tatsächlich greifbar – was bisher ein allgemeines Gefühl für Recht und Unrecht gewesen war, bekam in den Jahren an der Universität einen ganz klaren und deutlichen Namen. Ihr eigener Vorname sorgte für Renée einstweilen auch immer wieder für Verwirrung: Weil die Professoren Renée für einen Männernamen hielten, waren sie entsetzt, als sie merkten, dass es sich um eine Frau handelte. Nicht nur einmal überkam einen der Professoren der Impuls, ihre Leistung im Nachhinein zu schmälern oder bei einer Beurteilung zurückzurudern. Ohne Erfolg.

Renée war begeistert vom Feminismus, der in dieser Zeit, Anfang der 1970er-Jahre, überall spürbar war. Da gab es ein Frauencafé, Frauen wie Ruth Wodak und Erika Weinzierl, die laut waren, Ideen hatten und engagiert waren, Alice Schwarzer und die *Emma*, Simone de Beauvoir, von der Renée alles verschlang – während sie deren Lebensgefährten Jean-Paul Sartre nicht mochte. Er war ihr zu wenig engagiert, wollte sich nie zu etwas bekennen, wartete stets auf die Freiheit, die dann aber keine Bedeutung bekam, weil er sie nicht nutzte. So empfand sie die Texte von Sartre: das Warten auf die Freiheit, nichts zu tun. Für Renée war diese Haltung uninteressant. Sie konnte sich nie vorstellen, für die Freiheit zu kämpfen, nur um dann nichts damit anzufangen.

In den ersten Jahren als Forscherin stellte Renée rasch fest, dass es von Vorteil ist, finanziell unabhängig zu sein. Sie beantragte deshalb für ihre Aufenthalte in München, Paris und den USA Stipendien. Diese Selbstständigkeit war ihr wichtig; sie wollte nie in der Abhängigkeit anderer Leute stehen und gezwungen sein, zu tun, was diese ihr sagten. Auf den einzelnen Stationen ihrer »Wanderjahre« hatte sie die verschiedensten Chefs, mit denen sie ganz unterschiedlich gut zurechtkam. So sah sie sich gezwungen, ihre Dissertation an der Frauenklinik des AKH Wien abzubrechen und sich eine neue Stelle zu suchen. Auch in Frankreich hatte sie einen Gruppenleiter, mit dem sie auf keinen grünen Zweig kam. Es waren nicht ausschließlich Autoritätsprobleme; viel eher waren es wahrgenommene Mängel an fachlicher Kompetenz, die Renée dazu brachten, ihre Chefs zu hinterfragen, zu kritisieren und schließlich ihres eigenen Weges zu ziehen.

Mein Institutsleiter in Paris war schon cool, der Piotr Slonimski. Der war unglaublich wichtig für mich. Seine Unbeugsamkeit. Er hatte am Aufstand im Warschauer Ghetto teilgenommen und war nach dem Krieg nach Paris gekommen. Als ich bei ihm war, war gerade die Zeit von Solidarność und Lech Wałęsa. Slonimski hat im Untergrund viel Hilfe geleistet für Polen. Er hat einige polnische Forscher angestellt, Geld gesammelt und Aktionen gemacht, wie etwa Luftballons mit Nachrichten auf polnisches Gebiet fliegen zu lassen oder die Zeitungsdruckmaschine von Le Monde, *die durch eine neue ersetzt wurde, irgendwie nach Polen zu schaffen.*

Er hat mich auch gefragt, ob ich ein Bankkonto hätte in Wien, und dann hat er mir Geld geschickt und mir aufgetragen, es in Wien seinen Mitstreitern zu übergeben. Er hat auch wissenschaftlich gut gearbeitet. Und er war trotz allem ein lustiger, humorvoller Mensch. Piotr Slonimski war lange auf der Watchlist in Amerika, weil er Mitglied der Kommunistischen Partei in Frankreich war. Er hat mir sehr viel beigebracht, auch über Genetik, seine Herangehensweise an die Wissenschaft, aber auch diese natürliche Autorität, die er ausgestrahlt hat, und seine Unerschrockenheit. Er hatte keine Angst vor Autoritäten.

Slonimski ließ Renée ihr erstes Paper allein publizieren. Das war ungewöhnlich. Renée wusste zu diesem Zeitpunkt allerdings weder, wie ungewöhnlich das war, noch, wie wichtig es war, ohne den Namen des Chefs zu publizieren.

In Amerika lernte Renée, wie man ohne Hierarchie ein Labor leitet. Marlene Belfort, ihre Chefin an der Universität in Albany, war in dieser Hinsicht ein großes Vorbild. Umso unerwarteter trafen Renée die Umstände, die sie nach ihrer Rückkehr nach Wien 1989 vorfand: ein hierarchisches System. Renée kam zurück, voller Ideen und voller Tatendrang, und war wie vor den Kopf gestoßen davon, dass sie an einem Rolltisch oder nachts arbeiten sollte. Der Kampf gegen diese Umstände, der Kampf um ihre Stelle, der wahnsinnige Druck, dem sie ein Jahr lang standhielt, prägten Renée.

Es kommt immer ein kleines Schäuferl drauf, bis du merkst, in welcher Position du eigentlich bist, und dann heißt es: Sie verlängern dich nicht, und du darfst nicht um die Verbeamtung ansuchen. Ich hab mir gedacht: Das kommt gar nicht infrage. Ich habe Kinder, ich muss Geld verdienen, ich kann und möchte nicht nicht *arbeiten.*

In dieser Zeit gab es Kollegen, die Renée beistanden: Helga Kolb und Wolfgang Kromp auf der offiziellen Schiene, ihre Studentinnen und Studenten, Kollegen – es gab viele, die erkannten, welchen Kampf sie durchmachte, und die sie mit Worten und Taten bestärkten, durchzuhalten. Auch von ganz unerwarteter Seite kam Unterstützung, wie etwa von Helmut Ruis, jenem Professor, um dessen Professur Renée später nach dessen Ableben kämpfte. Er ging das Risiko ein, sich vor seinen Professorenkollegen rechtfertigen zu müssen, als er Renée ein positives Gutachten schrieb.

Als alles vorbei war und klar wurde, dass ich meinen Job behalten kann, bin ich ungewollt in einem Telefongespräch zwischen Rudolf Schweyen und Helmut Ruis gelandet. Das war ja fast hexenhaft. Ich habe den Helmut Ruis angerufen, um mich dafür zu bedanken, dass er sich für mich eingesetzt hat. Und lande tatsächlich in diesem Gespräch, in einer Konferenzschaltung. Ich hab mein Telefon auf Lautsprecher geschaltet, damit die anderen im Büro mithören konnten. Und wir hörten, wie der Helmut Ruis sagte: »Na, du wirst halt mit ihr leben müssen, das ist dein Pech.« Er hat sich gerechtfertigt, warum er zu mir gehalten hat, und der Schweyen hat gejammert, wie arm er ist, und dass er nach Deutschland zurückgehen wird, wenn er nicht machen kann, was er will.

Renée ist sich heute sicher: Es ging eigentlich nicht gegen sie persönlich. Die Professoren an ihrem Institut wollten einfach eine hierarchische Struktur, die ihnen das Überleben sichern sollte. Sie hatten nur das Pech, dass Renée eine der Ersten war, die die Hierarchie nicht akzeptierten. Sie kämpfte einen Kampf, der für viele andere den Weg ebnete. Jeder Assistent, der nach ihr in die gleiche Situation kam, wusste, wie es geht, hatte das Rezept in der Tasche. Sie profitierten von Renées Mangel an Diplomatie und ihrem Zorn, der sie antrieb.

Der Kampf um meine Stelle war ein Kampf, bei dem es um Sein oder Nichtsein gegangen ist. Deshalb hab ich da so ein Justament entwickelt und mich so dagegengestellt. Ich wollte das nicht alles aufgeben, ich hatte schon so viel Zeit und Energie investiert. Der Vorteil für meine Generation war, dass man uns Frauen nichts zugetraut hat. Da war immer die Einstellung: »Na, lass sie, sie wird schon auf die Nase fallen.« Das ist heute ganz anders, da weiß man schon, dass Frauen etwas leisten können und eine echte Bedrohung sind. Aber damals fühlten sich die

Männer nicht bedroht von den Frauen, weil sie der Meinung waren, die können eh nix: »Lass sie, sie wird schon draufkommen.«

Im ersten Moment ist das frustrierend, aber im zweiten bedeutet das eine unheimliche Freiheit, zu tun, was man will. Es gab keine Erwartungshaltung an uns, und wir hatten keine hohen Ansprüche. Wir wollten unbedingt eine Veränderung. Heute ist das anders, Frauen wollen alles auf einmal – oder glauben, es zu wollen. Super aussehen, eine super Partnerschaft, einen super Job, super Kinder, alles super – das hält doch keiner aus. Es macht auch keinen Sinn. Perfektionismus ist eine Sackgasse der Evolution.

2001 wurde Renée mit dem »Special Honor Award for Women in Science« ausgezeichnet, einem Preis, der gemeinsam von der UNESCO und dem Unternehmen L'Oréal vergeben wird. 2002 wurde sie von Österreichs WissenschaftsjournalistInnen zur Wissenschaftlerin des Jahres gewählt, 2003 erhielt sie den prestigeträchtigen Wittgenstein-Preis. Im gleichen Jahr wurde sie in die Österreichische Akademie der Wissenschaften, kurz ÖAW, aufgenommen.

Das war schon ein Widerspruch, weil es genau die Zeit war, in der ich um meine Professur gekämpft habe. Ich bekomme internationale und nationale Preise, soll aber nicht gut genug für eine Professur in Wien sein?

Die Aufnahme in die Gelehrtengesellschaft der ÖAW gilt als große Ehre. Ihre Aufgabe: die Förderung der Wissenschaften. Dazu werden Diskurse geführt, die Öffentlichkeit über bedeutende Erkenntnisse informiert, in Kommissionen werden für Wissenschaft und Gesellschaft relevante Fragen diskutiert. In zwei Klassen – der mathematisch-naturwissenschaftlichen und der philosophisch-historischen Klasse – gibt es insgesamt neunzig Mitglieder. Wird ein Mitglied siebzig Jahre alt, verliert es keines seiner Rechte, wird aber nicht mehr zum Kern der neunzig gezählt. So summieren sich die Mitglieder auf insgesamt rund 770, davon gerade einmal rund 110 Frauen. Und: Die ÖAW betreibt 28 Forschungsinstitute mit insgesamt 1400 bei der ÖAW angestellten Wissenschaftlerinnen und Wissenschaftlern.

Im Jahr 2002 wurde Renée »korrespondierendes« Mitglied der Akademie. Meist dauert es ungefähr zehn Jahre, bis man ordentliches Mitglied, also eines der neunzig »wirklichen« Mitglieder (so die offizielle Bezeichnung), wird. Renée wurde es bereits ein Jahr später.

Und ich wusste nichts davon. Ich bin zum ersten Mal zur Jahreshauptversammlung der Akademie gegangen, in der Aula der Wissenschaften, und habe dort erfahren, dass ich als ordentliches Mitglied aufgenommen bin. Okay, dachte ich mir, auch gut, und wollte mich in eine der Reihen setzen, da hieß es: Nein, ich muss mich vorne, bei den ordentlichen Mitgliedern, hinsetzen, die hatten eigene Stuhlreihen. Die Männer kamen herein, mit Roben und Goldketten, ich war ganz erstaunt, wie in der Kirche. Puh, dachte ich, bin ich im Vatikan gelandet? Und da war ein älterer Wissenschaftler, der mich ganz irritiert angeschaut hat. Ich hab ihn gefragt: »Ist was?« Und er sagte: »Na, Ehefrauen dürfen hier nicht sitzen.« Ich sagte: »Ich bin nicht verheiratet.« Dann war er ganz still. Er dachte sich vermutlich, ich sei die Liebhaberin. Ich dachte mir: Bitte, wo bin ich? Das war mein erstes Erlebnis mit der Akademie.

Renée war zu diesem Zeitpunkt die einzige Frau in der naturwissenschaftlich-mathematischen Klasse. Sie war aber nicht die Erste: Die 1904 geborene Physikerin Berta Karlik war die erste und sehr lange Zeit die einzige Frau gewesen. Nach ihrem Tod 1990 gab es also 13 Jahre lang kein einziges weibliches Mitglied in der naturwissenschaftlich-mathematischen Klasse.

Renée hatte von Anfang an ihre Probleme mit der Akademie und der steil hierarchischen Struktur. Nach ein oder zwei Jahren trat eine Frau an sie heran, eine Angestellte der Akademie, die ohne Vorwarnung von ihrem Arbeitsplatz entfernt worden war.

Das war eigentlich mein erster Kampf mit der Akademie. Die Frau ist so schlecht behandelt worden. Sie kam zur Arbeit, und ihr Computer war gesperrt. Sie musste weg, weil ein anderer Mann ihren Job bekommen hatte. Diese Art und Weise! Damals war Herbert Mang Präsident der Akademie. Bei der nächsten Sitzung habe ich das Thema angesprochen und ihn gefragt, was da los ist und worum es geht. Er sagte immer nur, er äußere sich dazu nicht, der Vorfall sei noch in Arbeit, noch nichts entschieden. Ich habe zwei-, dreimal nachgefragt, und jedes Mal hat er gesagt: »Wenn Sie jetzt drauf bestehen, trete ich zurück als Präsident.«

Drei Mal hat er in dieser Sitzung seine Präsidentschaft zur Verfügung gestellt, während dieses kurzen Gespräches. Aber es hat sich außer mir keiner gegen ihn zu Wort gemeldet. Erst später, bei einem Abendessen, sind einige zu mir gekommen und haben gesagt, ich hätte recht, und »Ganz toll, Kollegin«. Ich habe mir nur gedacht: Wieso meldet ihr euch nicht zu Wort? Im Protokoll zu dieser Sitzung wurde das Ganze übrigens mit keinem Wort erwähnt. Geh bitte. Das ist doch unglaublich.

Kurz darauf sprang Renée erneut für eine Kollegin in die Bresche: Denise Barlow, eine Genetikerin, die an einem Institut der ÖAW in Salzburg arbeitete, berichtete Renée, dass sie von ihrem Chef geschlagen worden sei. Sie war sehr verstört, sagte, sie könne dort nicht bleiben. Renée sagte: »Komm zu mir nach Wien.« Sie sprach mit ihrem Chef Rudolf Schweyen, der in dieser Situation sofort reagierte und zwei seiner Labore für die Genetikerin frei machte. Nur einen Monat später zog Denise Barlow mit ihrer Forschungsgruppe nach Wien. Rudolf Schweyen hatte erkannt, was für eine exzellente Wissenschaftlerin Barlow war; sie war eine Pionierin auf dem Gebiet der Epigenetik.

Da muss ich den Rudolf Schweyen wirklich loben. Obwohl er einmal mein Feind Nummer eins gewesen war und auf meiner Shitlist stand: In dieser Situation, da war er echt cool. Die Akademie allerdings war nicht in der Lage, mit diesem Problem umzugehen. Sie waren nur darauf aus, dass kein Schaden am Ansehen der Akademie entsteht. Und es kam noch schlimmer: Denise war bei einem »GEN-AU«-Projekt vom Wissenschaftsministerium dabei, und bei einem Hearing zu ihrem Projekt wurde ihr Chef – derselbe, von dem sie mir berichtet hatte, geschlagen worden zu sein – als Gutachter eingesetzt. Sie kam zum Hearing, sah ihn dort sitzen und fiel tatsächlich vom Podium. Daran kann man sehen, wie sehr es ihr zugesetzt hatte.

Renée ging zum Ministerium und sagte, sie würde aus der Akademie austreten und öffentlich den Grund nennen. Sie drohte, publik zu machen, dass innerhalb der ehrenwerten Akademie Institutschefs ihre Mitarbeiterinnen schlagen könnten, ohne dass die Akademie etwas unternimmt. Sie verlangte, Denise Barlows ehemaligen Chef aus der »GEN-AU«-Evaluierungskommission zu nehmen. Ihre Intervention war erfolgreich – zumindest was den Institutschef betraf. Die Kommission wurde abberufen und kurze Zeit später ohne den Institutschef wieder eingesetzt. Um sein Gesicht zu wahren.

Noch Jahre später habe ich mit ihm gestritten, und er hat immer gesagt, das sei lehrreich für Denise Barlow ge-

wesen, diese Erfahrung. Unglaublich. Wie die »gesunde Watsche« als Erziehungsmethode immer noch hochgehalten wird. Denise Barlow hat also damit leben müssen, bis zum Schluss. Sie ist 2017 gestorben.

Renée hatte zu kämpfen mit der Akademie. Vor allem mit der Schwierigkeit, Veränderungen in der Organisation herbeizuführen. Ihr Hauptkritikpunkt: In den meisten Ländern sind die Akademien reine Gelehrtengesellschaften, die nichts mit den tatsächlichen Forschungsinstituten zu tun haben. So gibt es etwa neben den deutschen Akademien der Wissenschaften die Max-Planck-Gesellschaft, die tatsächlich Forschungsinstitute und -einrichtungen betreibt. Österreich ist eines der wenigen Länder, in denen es nur eine Organisation gibt, die sowohl Gelehrtengesellschaft ist als auch Entscheidungen über Institute und das Personal trifft. De facto besteht also keine Gewaltentrennung.

Das ist schon unprofessionell. Und das hätte geändert werden sollen. Es gab eine Renovierungskommission, die darüber beraten hat, wie man diese Gewaltentrennung herbeiführen könnte. Doch mit Anton Zeilinger als Präsident – der kam 2013 – sind alle diese Bestrebungen fallen gelassen worden. Zeilinger ist sehr autoritär und hat gleich einmal beschlossen, dass nur er mit dem Ministerium spricht und niemand anderer etwas mitzureden hat. Ein Alleinherrscher. Als er Präsident war, war ich zwar schon nicht mehr dabei. Mit ihm habe ich aber trotzdem viele Diskussionen geführt, wir mögen uns nicht. Ich reize ihn auch.

Wir waren zusammen in einer Reformkommission auf der Uni, es ging darum, welche Fakultäten es geben sollte. Ich habe gesagt, dass es eine einzige Fakultät für alle Religionen geben sollte. Da hat er mich fertiggemacht. Das sei unmöglich, es müsse eine katholische und eine evan-

gelische geben. Und sonst keine. Der Zeilinger ist ganz eng mit der Kirche verbandelt. Er spricht auch mit Gott. Wir waren auf einer Podiumsdiskussion, Anton Zeilinger, Kardinal Schönborn, Herbert Pietschmann und ich. Ich hatte die Rollen: Frau, Feministin, Atheistin. Allein gegen drei religiöse, gottesfürchtige Männer. Das Thema war »Evolution und Schöpfung«. Für mich ist ehrlich gesagt nicht nachvollziehbar, dass man das überhaupt noch diskutieren muss. Das war so furchtbar. Aber irgendwo auch lustig: Zeilinger meinte, Gott spiele mit uns Verstecken.

Die Kirche. Schon seit ihrer Kindheit hatte Renée mit dieser Institution zu kämpfen. Der Kampf begann in der Volksschule, als sie nicht zur Kommunion gehen wollte, und endete im Grunde nie. Dabei ist es ihr ganz egal, was und woran jeder für sich persönlich glaubt. Renée – das betont sie immer wieder – hat kein Problem mit Gläubigen. Auch nicht, wie es immer wieder dargestellt wurde, mit Kardinal Schönborn. Sie führte eine Diskussion mit ihm, die drei Stunden dauerte und in der Tageszeitung *Der Standard* erschien – leider stark gekürzt. Dabei sprachen sie über seinen Artikel in der *New York Times*, in dem der Kardinal für die Theorie des »Intelligent Design« geworben hatte. Renée war eine der wenigen Wissenschaftlerinnen, die sich öffentlich darüber aufregten, dass diese pseudowissenschaftliche Theorie die Evolutionstheorie ersetzen sollte. Doch sie schätzt den Kardinal, trotz inhaltlicher Differenzen, als guten Rhetoriker und Gesprächspartner.

Ich habe überhaupt kein Problem mit ihm, ich will ihn auch nicht in seinem Glauben erschüttern. Was ich nicht mag, ist, wenn man Unmündige und Kinder anlügt. Und das tut die Kirche. Es ist Betrug, ihnen zu sagen, dass es ein Leben nach dem Tod gebe. Dass man im Jetzt leiden und alles schlucken muss und nach dem Tod dafür belohnt wird. Ich habe auch etwas dagegen, dass Frauen belogen werden. Warum ist die Kirche gegen Verhütung, gegen Abtreibung, gegen die Selbstbestimmung der Frau? Das ist bösartig. Und ich mag nicht zuschauen, wenn jemand betrogen wird. Das ist bei allen Religionen gleich, dass man irgendwas erfindet; Fake News, die eine irre Macht haben. Das ist wie mit der Homöopathie.

Der Kardinal erzählte Renée auch, dass sie eine der wenigen sei, die sich bei ihm als Atheistin outen würden.

Das ist typisch österreichisch, eine Nachwehe der Nazidiktatur, als niemand sich trauen konnte, seine Meinung zu sagen. Es könnte einem ja schaden. Das war interessanterweise die häufigste Frage, die mir gestellt wurde nach meinem Austritt aus der Akademie: ob ich keine Angst habe, dass mir das schaden könnte. Bitte, ich handle doch nicht nach dem Gedanken, ob es mir schaden könnte! Daran habe ich überhaupt nicht gedacht. Wie sollte es mir denn schaden? Im Gegenteil, es hat mir und meiner inneren Gelassenheit sehr gutgetan.

Nach jeder Akademiesitzung hatte sie sich geärgert. Über die Zeitverschwendung. Und über die Eigenheiten, an die sie sich nicht gewöhnen konnte. Wie die Sache mit den Kleiderhaken: Im Gang vor dem Sitzungssaal der Akademie gibt es nämlich exakt neunzig Kleiderhaken, für jedes Mitglied einen. Der Haken bei den Haken ist aber: Ist man siebzig Jahre alt, behält man alle Rechte – inklusive Kleiderhaken. Weshalb es viel zu wenige davon gibt. Renée hängte ihren Mantel an einem fremden Haken auf und wurde prompt dafür gerügt.

Ich wurde auch oft gefragt, ob es für mich eine Ehre ist, Mitglied der Akademie zu sein. Ich habe nie nachvollziehen können, was das sein soll, Ehre. Es ist lächerlich. Ehre, da denke ich an die Machthaber in Nordkorea, die mit ihren ganzen Orden herumstolzieren. Genauso gehen die

Männer in der Akademie herum, mit ihren Ketten. Mir fällt dazu nichts mehr ein. Ich würde mich genieren. Das sind ja Kasperln. Es war einfach nicht meine Welt, und ich konnte mich nie dort einfügen. Die Leute sind ständig mit sich und ihrer Machterhaltung und mit Intrigen beschäftigt. Sie tun wenig für die Wissenschaft. Man könnte die Akademie abschaffen, und keiner würde es merken.

Der Anlass, der Renée schließlich dazu brachte, aus der Akademie der Wissenschaften auszutreten, war die wiederholte Demütigung ihrer Freundin Ruth Wodak. Die Professorin für Sprachwissenschaften ist wie Renée Trägerin des Wittgenstein-Preises, ist politisch, Atheistin, Jüdin, Frau – und war damals korrespondierendes Mitglied der Akademie der Wissenschaften. Eine Forscherin, die international zu den Besten ihres Faches gehört, vielfach ausgezeichnet. Ihre Forschungsgruppe, als Zentrum der Diskursforschung weithin bekannt, bekam beste Ergebnisse bei jeder Evaluierung. Sechs Jahre lang hatten sie mit dem Geld geforscht, das Ruth Wodak durch den Wittgenstein-Preis erhalten hatte – das war 1996 umgerechnet eine knappe Million Euro gewesen. Nun, 2002, war das Geld aufgebraucht, und Ruth Wodaks Forschungsgruppe brauchte eine neue Heimat.

Die Akademie der Wissenschaften ersuchte sie, ein Konzept vorzulegen, und stellte ihr in Aussicht, ihre Forschung dann zu fördern. Sie lieferte es ab, es wurde akzeptiert. Doch in der allerletzten Sitzung, in der Ruth Wodak formell als Leiterin ihrer eigenen Forschungsgruppe hätte bestätigt werden sollen, wurde sie abgelehnt. Ihre Gruppe wurde eingestellt, die Forscherinnen und Forscher wurden arbeitslos. Ein international ausgezeichnet evaluiertes Forschungszentrum wurde abgestellt – für Ruth Wodak ein, wie sie sagt, traumatisches Erlebnis. Man warf ihr vor, dass sie auf Englisch – die international übliche Wissenschaftssprache – statt auf Deutsch publizieren würde, bezeichnete sie als Nestbeschmutzerin. Diese alten, antisemitischen Klischees, sagt Ruth Wodak, hörte sie vom »angeblich höchsten akademischen Gremium«.

International gab es Aufregung. Aber je größer die Aufregung war, umso mehr fühlten sich die Mitglieder der Akademie bestätigt. Es passte in ihre Verurteilung der »antiösterreichischen« Linguistin. Zufällig ereilte Wodak zur gleichen Zeit der Ruf aus dem Ausland: Sie ging nach Lancaster, wo sie an der Universität sehr befreit und mit voller Unterstützung forschen konnte. Sie erholte sich, vor allem psychisch, von der Kränkung. Es dauerte Jahre, bis sie sich vom englischen Exil aus langsam wieder annäherte, mit den Wechseln der Akademiepräsidenten, wieder eingeladen wurde, an Kommissionen teilnahm.

Zu der Zeit, als Ruth Wodak nach England flüchtete, trat Renée gerade erst in die Akademie ein. Die beiden Forscherinnen, beide Trägerinnen des Wittgenstein-Preises, lernten sich bei einem der jährlich stattfindenden Wittgenstein-Abende kennen. Renée schlug Ruth Wodak, die ja bereits korrespondierendes Mitglied war, der Akademie als ordentliches Mitglied vor. Der Vorstand nahm den Antrag nicht an. Die Begründung: Es würde schon ein anderer, ein Romanist, vorgeschlagen, der es unbedingt werden müsse.

Das muss man sich vorstellen: Sie haben nicht einmal den Antrag entgegengenommen. Wir haben es im Jahr darauf noch mal probiert. Da haben sie es zumindest entgegengenommen und auch gemeint, dass sie es unterstützen würden. Bei der anonymen Abstimmung bekam Ruth aber nicht genug Stimmen. Wieder wurde jemand anderes gewählt, der wesentlich weniger gut war als sie. Wir haben es dann noch ein drittes Mal versucht. Es ist wieder in die Hose gegangen. Das war 2012. Und da sagte der damalige Präsident Helmut Denk, dass es ja nicht sein könne, dass man jedes Jahr die gleichen Leute vorschlägt.

Die wollten sie einfach nicht. Weil sie eine Frau ist, Jüdin, Atheistin, politisch links. Sie wird bekämpft von allen Seiten, das kann man sich gar nicht vorstellen. Die Mitglieder der Akademie können jemanden wie Ruth Wodak einfach nicht aushalten. Kein Wunder, wenn man sich die Geschichte der ÖAW anschaut: 1938 haben sie alle Juden und alle Linken rausgeschmissen, und nach dem Krieg haben sie nur die Sitzung von 1938 annulliert, aber nie aktiv versucht, die vertriebenen Mitglieder zurückzugewinnen.

Renée hatte endgültig die Nase voll. Es war kurz vor der nächsten jährlich stattfindenden feierlichen Sitzung, im Frühjahr 2012, und sie dachte sich: »Ich gehe dort nicht hin, ich trete jetzt aus.« Sie schrieb eine E-Mail an das Präsidium, in dem sie ihren Austritt verkündete. Weil nicht die besten Leute in die Akademie gewählt würden. Und weil sie sich damit nicht wohlfühle. Sie schrieb: »Meine Erfahrungen, die ich in den letzten Jahren bei der ÖAW gemacht habe, haben mich davon überzeugt, dass es der Gelehrtengesellschaft der ÖAW weder um die Förderung von Exzellenz noch um wissenschaftliche Erkenntnisse geht. Aus Solidarität mit jenen exzellenten WissenschaftlerInnen, denen es wegen ihres kulturellen Hintergrundes oder ihrer politischen Einstellung nicht möglich ist, Mitglied dieser Gesellschaft zu werden, lege ich meine Mitgliedschaft zurück.«

Und das war's. Letzten Endes bin ich für eine E-Mail berühmt geworden. Dabei war das meine geringste Leistung, finde ich. Für mich war das nichts Besonderes. Ich bin auch aus der Kirche ausgetreten, und das hat nie-

manden interessiert. Ich denke, das hat mit der Autoritätsgläubigkeit zu tun: »Die Akademie, das ist doch was, das ist doch eine Ehre, bist du nicht stolz drauf?« Nein. Eigentlich geniere ich mich, Mitglied von so einem Verein gewesen zu sein.

Faktor-V-Leiden

Mutation G1691A

Im Faktor-V-Gen der Blutgerinnung wird eine Aminosäure ausgetauscht:
Arginin 506 wird zu Glutamin, und das Protein wird dadurch resistent gegen Abbau.
Das führt zu einem erhöhten Thromboserisiko.

Menschen mit dieser Mutation wurden evolutionär begünstigt:
Sie verbluteten nicht am Schlachtfeld oder im Kindbett. Es wurden die selektiert,
die bei größeren Verletzungen nicht starben.

Die Mutation wird über die Gene weitergegeben. Kommt sie von beiden Eltern,
ist das Kind kaum ohne Medikamente lebensfähig.

KAPITEL 9

Renée, genetisch

Für eine Frau, die ihr Leben der Erforschung von Molekülen widmet, liegt die Frage nahe: Wer bin ich genetisch? Wie sieht sie aus, die Information, die in der DNA, der Desoxyribonukleinsäure, gespeichert ist? Und welche Bedeutung haben diese Informationen, meine Gene?

Was Renée schon länger wusste: Sie hat eine Genmutation, die Faktor-V-Mutation Typ Leiden, benannt nach dem Ort ihrer Entdeckung, der niederländischen Stadt Leiden. Die Mutation verursacht eine Neigung zu starker Blutgerinnung. Wenn man so möchte: dickes Blut. Schon in den 1990er-Jahren fand Renées Mutter Annette heraus, dass sie diese Mutation in sich trägt. Renée wiederum beobachtete, dass ihr Sohn Fabian bei Verletzungen kaum blutete. So kam heraus, dass Annette, Renée und Fabian die Faktor-V-Mutation in ihren Genen tragen.

Die Mutation hat sich evolutionär durchgesetzt, weil sie einen Vorteil bringt: Männer sind am Schlachtfeld nicht verblutet, Frauen nicht im Kindbett. So haben die mit der Faktor-V-Mutation eher überlebt und sich fortgepflanzt.

In den 1980er-Jahren hatte Renée im Labor eigenhändig DNAs sequenziert. Sie brauchte ein bis zwei Wochen, um fünfzig bis hundert Basenpaare zu analysieren. Als die Idee aufkam, das humane Genom zu sequenzieren, also die Abfolge der Basenpaare der menschlichen DNA auf ihren einzelnen Chromosomen zu identifizieren, war ihr erster Gedanke: Das ist doch verrückt! Das menschliche Genom besitzt über drei Milliarden Basenpaare, das wären drei Millionen Arbeitswochen – oder 58 000 Arbeitsjahre für eine Person. Unvorstellbar. Tatsächlich dauerte es zwanzig Jahre, bis die erste Sequenz bestimmt werden konnte. Heute dauert das einen halben Tag.

Die Bestimmung der DNA-Sequenz war schon ein Meilenstein in der Technologie. Früher musste man immer einzelne Stücke klonen, man brauchte sehr viel DNA von der gleichen Sequenz, die noch dazu ganz sauber sein musste, um die Sequenz zu bestimmen. Man musste das alles einzeln machen. Was sich an der Technik geändert hat, ist, dass heutzutage parallel sequenziert wird. Dabei wird mit Fluoreszenzmarker jede Base markiert, die eingebaut wird, und man kann Hunderttausende gleichzeitig sequenzieren. Diese sogenannten Chips leuchten auf, und eine Maschine liest sie ab. Man macht es nicht mehr händisch, und es geht wirklich schnell. Man nennt es Next Generation Sequencing oder Massive Parallel Sequencing.

Am Beginn der DNA-Sequenzierung stand die Frage, wessen DNA zuerst bestimmt werden sollte. Wen auswählen? Den Präsidenten der USA? James Watson, der 1953 das Modell der Doppelhelix aufgestellt hatte? Letzten Endes wurde es ein Gemisch: Menschen aus der ganzen Welt, von allen Kontinenten, stellten freiwillig und anonym ihre DNA zur Verfügung, die dann zu einer gemischt wurde – der DNA des Menschen, der Basissequenz. Sie ist ein Konsens, existiert also eigentlich in der Form nicht, oder besser gesagt: vermutlich nicht. Jedenfalls ist die Wahrscheinlichkeit, dass es tatsächlich einen Menschen mit diesem exakten Genom gibt, sehr gering.

Jedes Kind hat, wenn es gezeugt wird, sechzig bis hundert Mutationen, die seine Eltern nicht haben: die Variationen. Oder Fehler – je nachdem, wie man es bezeichnen möchte. Sie passieren bei jeder Verdopplung der DNA. Im Lauf von vielen Hunderttausenden DNA-Analysen stellte man fest, dass in manchen Populationen gewisse Mutationen besonders häufig vorkommen: Die Finnen haben andere Mutationen als Menschen aus Westafrika. Jede Gegend hat ihre typischen Mutationen.

Und dann kamen Unternehmen, die DNA-Analysen angeboten haben: Man schickt ein bisschen Spucke oder Mundschleimhautzellen hin, und das Unternehmen bestimmt die Variationen, die man hat. Im Vergleich mit den anderen DNAs in ihrer Datenbank können sie herausfinden, wo man ungefähr herkommt. Als Wissenschaftlerin sage ich: Man muss jedes Experiment drei Mal machen. Deshalb habe ich meine DNA auch an drei verschiedene Firmen geschickt. Die meiner Meinung nach seriöseste ist »23andMe«, die machen auch Forschungsprojekte, und man kann, wenn man will, viele Fragebögen beantworten. So versuchen sie, von Krankheiten oder Verhaltensweisen Zusammenhänge mit der DNA zu finden.

Aber es ist nicht – oder nicht mehr – erlaubt, Informationen über Krankheiten weiterzugeben. Diese Information wäre zwar da, aber aus ethischen Gründen ist es nicht mehr erlaubt. Patienten müssen begleitet werden, wenn sie von einer Krankheit erfahren; sie sind oft überfordert mit dem Wissen über eine mögliche Krankheit. Und dann steht ja auch immer die Frage im Raum: Was hast du davon, wenn man dir sagt, dass du mit vierzig wahrscheinlich die Huntington-Krankheit bekommen wirst – eine Krankheit, an der du sicher nach einigen Jahren sterben wirst und die unheilbar ist? Wenn du was dagegen tun könntest, wäre es ja sinnvoll. Aber es muss irgendwie ärztlich begleitet werden.

Was allen Unternehmen gemeinsam ist: Sie liefern Informationen darüber, wo man herkommt – also darüber, wo Menschen wohnen, die eine ähnliche DNA haben. Renées Erwartung war, von Luxemburger Eltern abstammend, dass ihr Ergebnis entsprechend ausfallen würde: deutsch, französisch. Doch es kam heraus, dass sie zu 75 Prozent englisch-skandinavisch ist. Ein hoher Prozentsatz; so hoch – drei von vier Großeltern –, dass es kein Zufall mehr sein und der entsprechende Vorfahre auch nicht allzu viele Generationen zurückliegen kann. Abgesehen davon waren Übereinstimmungen mit DNA aus Polen dabei, Osteuropa und Italien, ein kleiner Teil Vorderer Orient. Und: Aschkenasim, also mittel-, nord- und osteuropäische Juden.

Das war schon interessant. Was diese Unternehmen noch anbieten: Wenn du einverstanden bist, behalten sie deine DNA gespeichert und können so Verwandte suchen. Das wird in Amerika sehr viel gemacht. In Europa hat sich das noch nicht so durchgesetzt. Die Europäer sind eben viel konservativer und denken, Gene sind was Schlimmes. Deshalb ist es auch noch nicht so genau, weil es zu wenige Vergleichs-DNAs gibt. Aber in Amerika will das jeder wissen, um zu erfahren, wo die Vorfahren herkommen. Und Millionen aus Europa stammende Amerikaner haben schon ihre DNA bestimmen lassen und sind damit genetisch identifizierbar; es ist vergleichbar mit dem Bestimmen der Blutgruppe in Europa. Dadurch wird das Experiment natürlich immer besser und exakter.

Lustig war es bei einer Freundin, die Kanadierin ist und unheimlich stolz darauf, dass sie französisch-kanadisch ist. Sie hat den DNA-Test gemacht, und es ist herausgekommen, dass sie zu neunzig Prozent englisch ist. Wozu ein DNA-Test nützlich ist: Er zeigt, dass alle Menschen gemischt sind. Dass es Migration schon immer gab, und dass sie es ist, die den Menschen ausmacht. Ich glaube, wenn die Leute sich das überlegen, merken sie schon, dass der Mensch ein mobiles Element ist. Ich finde, es ist eine gute Methode gegen Rassismus. Alle, die sagen, sie seien reine Deutsche oder reine Engländer, die sollten sich testen lassen und draufkommen, was sie alles in ihrer DNA finden. Ich glaube, es wäre wirklich gut, um endlich mit diesem scheußlichen Rassismus aufzuhören.

Das ist das Ergebnis des ganzen Sequenzierungsprojektes: dass man keine »Rassen« definieren kann. Dass es keine eindeutig abgrenzbaren menschlichen »Rassen« gibt. Dass jeder Mensch eben mehr oder weniger von den einen oder anderen Genen hat. Dass »Rasse« eines der Instrumente ist, um andere auszugrenzen. Dass es ein interessantes Phänomen ist – und zugleich völlig unbegründet –, wie sehr sich Menschen über ihre Gene identifizieren; wie sehr jeder sich einer »Rasse« zugehörig fühlt, obwohl es keine Grundlage dafür gibt.

Die Leute identifizieren sich schon sehr stark über ihre Gene. Das ist interessant. Bei Tieren ist es ja noch ärger, da spricht jeder von Rassen. Dass man so einen Hund will oder so einen. Aber die verschiedenen Rassen haben nicht so starke Wertigkeiten – es ist eher eine Frage des Geschmacks. Lustig ist ja auch, dass ein reinrassiger Hund als besser gesehen wird. Dass sie teurer sind, weil sie reinrassig gezüchtet sind, mit Stammbaum und allem. Dabei haben sie viel mehr Krankheiten durch die Inzucht. Am gesündesten sind die Hunde, die ganz bunte Mischungen sind.

In den 1970er-Jahren waren Gene total aus der Mode. Der allgemeine Konsensus lautete: Die ersten Lebensjahre bestimmen alles; Psychologie und Erziehung sind es, was den Menschen ausmacht. Es galt als reaktionär, zu sagen, die Gene seien wichtig für die menschlichen Eigenschaften. Bis der Common Sense kippte und es plötzlich hieß: Die Gene bestimmen alles.

Was auch nicht stimmt. Ich denke, die Erlebnisse, die man hat, die Epigenetik und die Erziehung nehmen Einfluss. Wenn die Menschen großen Wert auf die Genetik legen, dann bedeutet das im Umkehrschluss, dass sie weniger Wert auf Bildung legen. Und ich meine, dass die Fähigkeiten zwar da sind, in den Genen, aber man sie schon üben und trainieren muss. Es wird keiner Superpianist, nur weil er genetisch das Talent dazu hat. Wenn er nicht übt, wird er nie Klavierspielen lernen. Das gilt auch beim Sport wie bei allen anderen Fähigkeiten.

»23andMe« fand heraus, dass viele Menschen, deren DNA jener von Renée ähnelt, im Raum Chicago wohnen. Es sind wohl Nachfahren von Luxemburger Familien, die in die USA ausgewandert sind. Die Tests identifizierten auch einen Cousin Renées: Marc Meyers. Es ist der Bub, mit dem Renée schon als Kind gespielt hatte, mit ihm und seinem Bruder. Sie waren Nachbarn der Schroeders in João Monlevade; Renées Mutter war die Taufpatin des jüngeren Bruders. Die Biografien von Marc und Renée ähneln sich im gleichen Ausmaß wie ihre DNA: Marc wuchs als Kind von luxemburgischen Auswanderern in João Monlevade auf. Er studierte Chemie und wurde Professor in Santa Barbara. Er schreibt Bücher. Unter anderem verfasste er einen Roman, »D'amour et d'acier«, der auf Portugiesisch und Französisch erschien und in dessen Zentrum die Geschichte der Auswanderer steht.

Mit Marc bin ich in E-Mail-Kontakt, bis heute. 2016 habe ich ihn in Luxemburg getroffen, als es eine Reunion-Feier gab, bei der sich die Kinder der Auswanderer trafen. Der Großteil der Eltern lebt leider nicht mehr, die sind jetzt zwischen achtzig und hundert Jahre alt. Die meisten Nachfahren sind weg aus Brasilien und auf der ganzen Welt verstreut, einige in Japan, viele in Amerika, und etliche sind zurück nach Europa gegangen. In João Monlevade war ja auch nichts außer der Fabrik und der Siedlung, man musste eigentlich weg. Was auffällig ist: Alle sind doch sehr mobil und sehr erfolgreich – und irgendwie sehr ideenreich. Die Familien sind ja nicht ausgewandert, weil sie flüchten mussten, sondern weil sie sich bewusst für dieses Abenteuer entschieden haben; weil sie etwas aufbauen wollten. Das ist schon noch mal was anderes. Vielleicht hat sich die Abenteuerlust der Eltern bei den Kindern festgesetzt, vielleicht ist es sogar genetisch.

Oder epigenetisch? Seit mehr als zwanzig Jahren wird dieses Feld erforscht, bei dem es darum geht, wie RNAs regulieren, ob und wie stark Gene ein- oder ausgeschaltet sind. Nach wie vor ist unklar, ob diese epigenetischen Marker auch vererbt werden. Es gab immer wieder Studien, die darauf hinwiesen, dass es Information gibt, die nicht in der DNA-Sequenz der Gene gespeichert ist und trotzdem vererbt wird. Es wird nach wie vor sehr viel geforscht, vieles versteht man schon. Welche chemischen Veränderungen für die Epigenetik existieren.

Was die Weitergabe betrifft, ist das aber noch nicht so klar, es ist auch noch sehr umstritten. Da gibt es wohl einige Papers darüber, aber die sind zum Teil nicht bestätigt. Es gibt auch Papers, die sagen, dass in den Spermien der Väter wahrscheinlich kleine RNAs sind, in denen bestimmte Eigenschaften gespeichert sind. Die Forscher machen dazu Versuche mit Mäusen. Es ist sehr schwierig, solche Experimente zu machen. Sie traumatisieren die Mäuse, indem sie sie jeden Tag ein paar Stunden von der Mutter trennen. Wenn sie erwachsen sind, testen sie, wie ängstlich sie sind, ob sie eher exponiert sind oder den geschützten Raum be-

vorzugen. Sie nehmen dann die Spermien von den jeweiligen Mäusen, zeugen die nächste Generation und schauen, ob dieses Verhalten noch da ist oder nicht.

Bisher ist nicht bekannt, in welchen Molekülen diese Information gespeichert sein könnte. Man dachte jedenfalls immer, dass nur die Mutter wichtig sei. Aber das ist vielleicht eben doch nicht der Fall. Nach wie vor versuchen Forscher herauszufinden, ob in den Spermien wirklich epigenetische Information enthalten ist. In einer DNA-Analyse sind jedenfalls keine epigenetischen Marker ablesbar. Es bleibt nach wie vor eine offene Frage, wie sehr sich diese auf die Nachkommen vererben.

Bei der ganzen DNA-Analyse ist im Grunde herausgekommen, was ich mir erwartet habe. Meine Kinder haben das dann auch gemacht, mit dem Ergebnis, dass sie eindeutig Brüder sind. Es ist schon witzig. Ich finde es auch ganz nett, zu sehen, wie das eigene Genom zusammengesetzt ist. Ich bin zum Beispiel zu 1,3 Prozent jüdisch. Und ich fände es gut, wenn alle ihre jüdischen Anteile kennen. Dann würde dieser unsägliche und lächerliche Antisemitismus endlich aufhören.

DNA

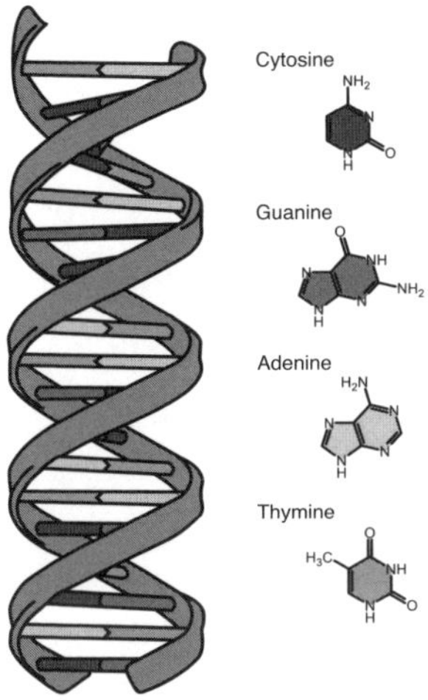

Die DNA ist ein reines Speichermedium. Sie hat sich aus der RNA entwickelt, weil sie stabiler ist.

In ihr ist gespeichert, wer man ist. Sie ist somit stark identitätsstiftend. Durch die DNA ist es möglich, eindeutig identifiziert zu werden, sofern man kein eineiiger Mehrling ist.

Zur Genetik, die in der DNA gespeichert ist, kommt die Epigenetik dazu, die Ein- und Ausschalter der Gene.

Verwandtschaft definiert sich durch genetische Gemeinsamkeiten. Familie nicht zwangsläufig.

KAPITEL 10

Enkelin, Tochter, Mutter, Oma

Innerhalb von dreieinhalb Jahren wurde Renée zur fünffachen Großmutter: Fabians älteste Tochter Sophia kam im Mai 2014 zur Welt, Constantins jüngster Sohn Valentin im Oktober 2017. Renée, jetzt selbst Oma, erzählt von ihren Großmüttern.

Die Familie meiner Mutter Annette ist in meiner Erinnerung dominant. Da waren sehr viele Frauen. Meine Großmutter Marguerite war eines von vier Mädchen. Von den drei Schwestern meiner Großmutter ist eine sehr früh gestorben. Auch meine Großmutter war schon tot, als ich geboren wurde. Aber die beiden Schwestern habe ich noch erlebt, meine Großtanten. Das waren Tante Alice, genannt Licy, und Tante Lally, die eigentlich Claire hieß.

Bei der Tante Lally habe ich gewohnt, als wir das eine Jahr in Luxemburg waren, zwischen Brasilien und Österreich. Sie hieß René Wagner, aber das ist der Name ihres Mannes. Im Französischen haben die Frauen bei der Hochzeit nicht nur den Nachnamen, sondern auch gleich den Vornamen verloren. Ich fand das entsetzlich. Du weißt oft gar nicht, wie sie geheißen haben. Lally hatte zwei Töchter: meine Tanten Marianne und Renée. Renée ist meine Taufpatin. Meine Mutter ist sehr eng mit die-

sen beiden aufgewachsen, ihren Cousinen. Sie selbst hatte auch eine Schwester, Marie-Amelie.

Ihre Großväter lernte Renée nie kennen. Der Vater ihrer Mutter Annette war gestorben, als diese drei Jahre alt war. Er hieß Emile Lavandier und war, so viel weiß Renée über ihn, ein cooler Typ. Sie bezeichnet ihn als den ersten Grünen: Im luxemburgischen Niederkorn, wo er im Stahlwerk arbeitete, entwickelte er eine Technik, die es möglich machte, das Kühlwasser des Hochofens für die Heizung der Räume zu verwenden – wenn man so will, ein erstes Modell von Fernwärme. Emile hatte auch ein Patent für die ersten Filter für die Schornsteine der Hochöfen. Was heutzutage undenkbar wäre, war Anfang des 20. Jahrhunderts gang und gäbe: die Abgase ungefiltert aus den Schornsteinen zu blasen. Renées Familie wusste nichts von diesem Patent, bis ein Artikel in der Tageszeitung *Luxemburger Wort* erschien: »Die wichtigsten Persönlichkeiten des Landes«. Emile Lavandier war darunter. Im Luxemburger Stadtteil Hollerich wurde eine Straße nach ihm benannt, die Rue Emile Lavandier.

Von meinen Großeltern habe ich also nur die Mutter meines Vaters gekannt. Ich weiß gar nicht, wie sie in Wirklichkeit geheißen hat, ich nannte sie Bomi. Dadurch, dass wir in Brasilien gelebt haben, hatten wir nicht viel Kontakt zueinander. Sie ist gestorben, als wir gerade aus Brasilien zurückgekommen sind. Ich bin also im Grunde ohne Großeltern aufgewachsen. Aber das ist in meiner Generation normal. Unsere Großeltern haben nicht so lange gelebt. Meine Enkelkinder haben im Vergleich dazu alle Großeltern und sogar noch einige Urgroßeltern.

Renées Tante Marie-Amelie heiratete den Bruder von Renées Vater. Zwei Brüder heirateten also zwei

Schwestern. Renées Cousinen, Zwillingsmädchen, sind so etwas wie Doppelcousinen und ähneln Renée und ihrer Schwester Jeannette sehr. Viel Zeit verbrachten sie aber trotz aller Ähnlichkeit nicht miteinander, da Renée und ihre Familie in Brasilien lebten. Wenn sie in Luxemburg auf Besuch waren, lebten sie bei Renées Tante Marie-Amelie, genannt Mieschen.

Renée und ihre Schwester hingegen waren sich nicht sehr ähnlich.

Meine Schwester ist ein sehr ruhiger Mensch. Mir ist das nie so aufgefallen; für mich ist sie eben, wie sie ist. Sie hat immer gelesen. Gelesen und gelesen und gelesen, sie war in ihrer Bücherwelt. Ich als kleine Schwester bin ihr dabei eher auf die Nerven gegangen. Ich war zu laut und zu chaotisch; ich durfte ihre Bücher nicht ausborgen, weil ich zu unordentlich war. Ich hab mir nichts dabei gedacht außer: Große Schwestern sind eben so. Jemand hat mir gesagt, man soll sie in Ruhe lassen, also habe ich das getan. Es soll jeder sein, wie er will. Ich will die Leute nicht verändern.

Renées Eltern waren nicht streng. Es gab klare Regeln, aber keine großen Einschränkungen, an denen man anecken konnte. Rückblickend sagte Renée, sie sei eh brav gewesen. Nicht stur. »Easy to handle.«

Es ist lustig, aber ich hab über meine Eltern nie reflektiert. Meine Eltern waren eben meine Eltern. Über meinen Vater hab ich erst nachgedacht, als er gestorben ist, 2001. Mich hat es beschäftigt, dass er nicht mehr miterlebt hat, dass ich erfolgreich war. Er hat nur meine Kämpfe mitbekommen. Wir haben darüber nicht wirklich gesprochen – ich bin nicht jemand, der herumjammert. Deswegen weiß ich nicht, wie er diese Zeit, in der ich gekämpft habe, empfunden hat. Wenn mich etwas ärgert, dann behalte ich das für mich. Es ist ja nicht so lustig für die an-

deren. Nur manchmal explodiere ich regelrecht. Nach dem Motto: Wenn, dann ordentlich.

Renées Eltern waren in Südfrankreich auf Hochzeitsreise gewesen und hatten sich damals ausgemacht, dass sie dort ihre Pension verbringen würden. Dass sie sich ein Grundstück kaufen und ein Haus bauen würden. Und das haben sie durchgezogen. Das Grundstück gab es bereits 1968, in den Jahren darauf bauten sie dort auch tatsächlich ein Haus. Sie fühlten sich zu Südfrankreich immer sehr stark hingezogen, deshalb verbrachten die Schroeders im Sommer dort auch alle Familienurlaube – das gute Essen, der schöne Strand. 1982 übersiedelten Renées Eltern nach Südfrankreich, in ihr Haus in Agay. In den Ferien war Renée immer dort, das genoss sie sehr.

Meine Eltern waren 15 Jahre in Brasilien, 15 Jahre in Österreich und 15 Jahre in Frankreich. Sie waren genau 45 Jahre unterwegs. Dann sind sie zurück nach Luxemburg. Als sie schon in Südfrankreich lebten, war ich gerade in Paris und habe sie oft besucht. So kam es auch dazu, dass 1985 Constantin in Südfrankreich auf die Welt gekommen ist. Ich hab rund um die Geburt bei ihnen gewohnt. Wir waren in den Jahren, in denen sie dort lebten, sehr viel in Südfrankreich, das war schon sehr cool. Immer in den Ferien, schon zu Ostern. Agay, ein Paradies.

Renées Mutter sagt, es sei die tollste Zeit ihres Lebens gewesen: die Pensionszeit in Südfrankreich. Sie gingen jeden Tag an den Strand, schwammen viel, lernten viele Leute kennen, spielten Bridge.

Die Ehe von Annette und François Schroeder war gut. Sie kannten sich ein Leben lang, waren schon zusammen im Kindergarten – eine echte Jugendliebe. Als François zum Studium nach Zürich ging, kam Annette mit. Sie lebten zusammen, unverheiratet, waren ein modernes Paar. Sie kochte für ihn und seine Freunde, mit denen sie zusammenwohnten. Auch Annette begann ein Studium, traute sich aber nie zu einer Prüfung. Dass sie in der Nazizeit als »Deutschfeindliche« Schulverbot hatte und nicht mehr zum Unterricht durfte, hatte ihr das Gefühl gegeben, dass sie nicht mehr lernen könne.

Sie war einfach zu unsicher, überhaupt nicht sehr selbstbewusst. Das kommt wahrscheinlich daher, wenn du in einer Familie mit lauter Frauen aufwächst, die nicht arbeiten gehen. Dann erscheint dir alles, was die Männer machen, so schwierig, weil du dir nichts vorstellen kannst darunter. Sie hat ja immer gesagt, wenn sie noch einmal leben würde, würde sie Innenarchitektin werden wollen. Aber sie hat sich ja nicht einmal zu einer Prüfung getraut. Das ist schon schade. Man darf es aber auch nicht dramatisieren. Das Leben ist, wie es ist. Und ihr Leben war gut. In der Generation meiner Mutter haben viele nicht gearbeitet, insofern war sie nicht außergewöhnlich. Aber ich bin mir sicher, sie wäre erfolgreich gewesen im Job, sie war sehr gut organisiert.

Wenn man rückblickend schaut, muss es ja nicht immer so sein, dass das, was man machen will, auch eintritt, weil viele andere Dinge ja auch toll sind. Ich finde, man soll überhaupt nicht so sehr planen – man wird dann blind für alle Möglichkeiten, die man nicht kennt.

Renées Vater François starb 2001, er litt an einer Schwäche des Herz-Kreislauf-Systems. Er bekam über viele Jahre Betablocker gegen seinen Bluthochdruck verschrieben, die ihm mit der Zeit zusetzten. Seine Gefäße verstopften, begannen brüchig zu werden und sich aufzulösen. Zudem litt er an einer Augenkrankheit, einer Makuladegeneration, bei der sich die Linse stark trübt, was damals noch nicht operiert werden konnte. Er konnte kaum noch sehen, nicht mehr lesen.

Er war in keiner guten Verfassung, seine Lebensqualität hatte stark abgenommen. Er konnte nicht liegen, weil er keine Luft mehr bekam, und musste im Sitzen schlafen. Auch kochen konnte er nicht mehr. Seit seiner Pensionierung und dem Umzug nach Südfrankreich hatte er täglich gekocht. Die letzten Wochen seines Lebens verbrachte er nach einer Operation auf der Intensivstation, wurde künstlich beatmet und hing am Dialysegerät. So schmerzhaft sein Verlust für Renée war, so sah sie ihn auch von einem Leben erlöst, das ihm keine Freude mehr bereiten konnte.

Mit derart starken Einschränkungen zu leben, ist nicht lustig. Für mich war es deshalb okay, dass er starb. Auch meine Mutter konnte sich relativ rasch wieder fangen. Er hat ein super Leben gehabt und wollte nicht dahinvegetieren. Ich sehe ihn noch heute dasitzen, mit seiner Pfeife in seinem Sessel, wie er Tee trinkt und liest. Das konnte er zum Schluss nicht mehr. Auch kochen konnte er nicht mehr, was er sehr geliebt hat. Seit er in Pension war, hatte er jeden Tag gekocht, er war ein traumhafter Koch. Und wenn wir auf Besuch nach Südfrankreich gekommen sind, gab es am ersten Abend immer ein spezielles Willkommensessen für uns: Ravioli mit einer Spezialsauce und mit Käse überbacken.

Er war ein Lebemensch. Und was ist das dann für ein Leben, wenn du alles, was dir Freude macht, nicht mehr tun kannst? Er hat auch gern Musik gehört, klassische Musik, er hatte schon in João Monlevade den ersten Plattenspieler, hörte Harry Belafonte und Aretha

Franklin und dann »In a Persian Market« – diese paar Platten, die er hatte, die haben wir jeden Tag gehört. Dieser Plattenspieler, der war schon sehr cool. Ich hatte auch ein paar Platten, 45 Umdrehungen, mit französischen Kinderliedern drauf, die durfte ich mir auf seinem Plattenspieler anhören. Ich kann sie heute noch auswendig.

Renée erlebte ihren Vater als den dominanteren Elternteil, aber bodenständig. Als den Herrn Direktor, der nicht abgehoben war, sondern mit seinen Arbeitern einen trinken gegangen ist. Der sozial sehr zugänglich war und Spaß daran hatte, sich mit anderen zu unterhalten, Menschen kennenzulernen.

Das hab ich sicher von ihm gelernt: dass man nicht überheblich ist. Er hatte null Standesdünkel, er war ganz down-to-earth.

Renées Söhne haben ihren Großvater oft gesehen. »Pepe Schmäh« nannten sie ihn. Sie sprachen Deutsch mit ihm. Jedes Jahr besuchten sie die Großeltern in Südfrankreich. Während Renées Zeit in den USA kamen ihre Eltern dorthin auf Besuch. François machte Zeichnungen für seine Enkelsöhne, er war ein sehr begabter Zeichner.

Diese Bilder sind ihnen heilig.

Aquarelle. Renée hat viele Bilder von ihm. Für Fabian zeichnete er dessen ersten Schultag in der Vorschule, mit Schulbus und Schultasche und dem kleinen Bruder auf seinem Dreirad. Auch für Constantin malte er ein Bild, von dessen Geburtsstadt in Südfrankreich, Saint-Raphaël.

Ich selber war als Mutter eher locker, glaube ich. Was ich sicher nicht gemacht habe, ist, mit ihnen Kräfte zu messen. Dieses Trotzalter, wer ist stärker, das hab ich nie erlebt. Und meine Söhne auch nicht. Wir haben keine

Kämpfe ausgetragen, auch nicht in der Pubertät. Ich finde, die Kinder waren eh vernünftig. Es gab ein paar Regeln, die eher mit Sicherheit zu tun hatten. Es war schon anstrengend, weil ich viel gearbeitet habe. Aber mit einer Unikarriere ist es in dieser Hinsicht auch leicht, weil du dir die Zeit einteilen kannst. Wenn ein Kind krank war – was zum Glück selten vorkam –, bin ich halt zu Hause geblieben und habe von dort gearbeitet. Wenn du eine Gruppe leitest, musst du nicht ständig selber dort sein. Das ist ein großer Vorteil.

Nach dem Abendessen arbeitete Renée oft noch weiter. Sie saß dazu immer am Esstisch. Ihre Söhne setzten sich dazu und machten ihre Hausübungen. Auch als sie schon Studenten waren. Niemand zog sich in sein Zimmer, an seinen Schreibtisch zurück. Noch heute ist Renées Schreibtisch mehr eine Ablagefläche für Bücher, Papiere und Dokumente. Um zu arbeiten, setzt sie sich nach wie vor mit ihrem Laptop an den Esstisch.

Wenn ich am Wochenende ins Labor musste, habe ich sie oft mitgenommen. Das war mir schon sehr wichtig, dass die Kinder wissen, wo ich arbeite, und dass mir die Arbeit taugt. Dass Arbeit für mich keine Mühsal ist. Die Kinder haben auch immer Kontakt zu meinen Studenten gehabt, das war wirklich sehr lustig. Die haben ja oft bei uns gewohnt, wenn sie von auswärts waren. Jeff und Chris, Mary. Jeff hat immer seine Späße mit den Kindern getrieben. Wenn sie in der Früh in die Schule gegangen sind, hat er ihnen immer hinterhergerufen: »Girls, don't forget your lipstick!«

Auch in der Zeit, die die Familie in Amerika verbrachte, gab es keine Probleme. Die beiden Buben, damals zwei und vier Jahre alt, lernten sehr rasch Englisch. Als sie im Oktober 1987 in Amerika ankamen, begann Constantin (auch Coxi genannt) gerade erst zu sprechen. Er konnte nur einen Satz, aus einem Lucky-Luke-Comic: »I'm a lonesome cowboy« – sein erster englischer Satz. Auch an seinen zweiten kann sich Renée gut erinnern.

Wir wohnten die ersten Wochen bei Marlene Belfort, meiner Chefin, die für uns ein Huhn zubereitet hat, im Backofen, mit Paprika und Orangensaft, und es war einfach wahnsinnig gut. Dann hat der Constantin den Satz gelernt: »I like chicken.« Seither ist dieses Rezept das »Hendl à la Coxi«.

Nach drei Monaten ertappte Renée ihre Söhne dabei, wie sie miteinander Englisch sprachen.

Ich hörte, wie der Constantin zum Fabian sagt: »Gimme that or you're dead meat.«

Zurück in Wien zog Renée mit ihrer Familie in ihre Wohnung in der Glasergasse. Diese Wohnung hatten sie in dem Jahr gekauft, in dem Renée ihren Frankreichaufenthalt unterbrochen hatte und Fabian zur Welt gekommen war. Mit ihrem Partner Michael lief es nicht mehr gut. Es passte einfach nicht. Es war schwierig.

Ich bin sehr unromantisch. Wir sind uns auf die Nerven gegangen. Als er zwei Wochen nicht da war, weil er als Sportlehrer einen Skikurs begleitete, merkte ich, dass das Leben fast einfacher war. Das ist natürlich keine gute Voraussetzung. Und er war auch nicht zufrieden. Ich habe ihn nicht genug unterhalten, wollte nicht so oft ausgehen und habe viel gearbeitet. Wir hatten einfach ganz andere Vorstellungen.

Michi und Renée hatten sich 1976 kennengelernt, als sie gerade an ihrer Diplomarbeit arbeitete und er, fünf Jahre jünger, für die Matura lernte. Michi war der Nachbar eines Studienkollegen von Renée. Der Studienkollege war in Renée verknallt und brachte Michi mit, als er sie besuchte.

Für mich war immer klar, ich werde nie heiraten. Dass wir beide heiraten, war also auch nie ein Thema – er hat nie gefragt, weil er die Antwort ja schon wusste.

1991 beschlossen Renée und Michi, sich zu trennen. Und sie beschlossen, es so zu schaffen, dass es für die Kinder so wenig Stress wie möglich verursachte.

Wir haben uns ausgemacht, dass wir das machen, was für die Kinder am besten ist, und wir uns selber in den Hintergrund stellen. Weil es uninteressant ist, wie es uns dabei geht, sondern es nur um die Kinder geht. Wir haben uns 1991 getrennt; erst zwei Jahre später ist er ausgezogen, weil es gedauert hat, bis er eine neue Wohnung gefunden hat. Es gab also nicht so einen klaren Schnitt, er war trotzdem immer da. Ich denke, die Kinder haben das nie so als Einschnitt empfunden. Er hatte immer einen Schlüssel und konnte zu uns kommen, wenn er Lust hatte. Er war zum Beispiel jeden Samstag zum Mittagessen da, das war unser Ritual. Mittagessen und dann Schwimmen – jahrein, jahraus war das unser gemeinsames Familienereignis. Und ist es bis vor Kurzem geblieben, da war schon unsere erste Enkeltochter auf der Welt.

Unsere Beziehung hat sich zu einer neutralen Freundschaft gewandelt. Er hat auch sehr viel mitgearbeitet, als es darum ging, den Leierhof aufzubauen. Im Sinne der Kinder waren wir uns sowieso immer einig, und wir hatten auch damals nicht wirklich einen großen Streit. Wir haben uns nie gegenseitig verletzt. Es hat halt nur einfach nicht gepasst mit uns.

Renée, Fabian und Constantin blieben in der Wohnung in der Glasergasse. Es begann, was Renée später »das Beste in meinem Leben« nennen sollte: die insgesamt rund zwanzig Jahre, die sie zu dritt verbrachten.

Ursprünglich wollte ich ja sechs Kinder! Aber nach zweien hab ich gemerkt: So ein Kind raubt dir schon ein Stück Grundenergie. Ich war zwar eine Kämpferin, aber für sechs Kinder hätte meine Energie nicht gereicht. Außerdem hat es mir so, wie es war, getaugt. Es war trotz Job, »Lab Kids« und Konferenzen nicht mühsam, sondern eine super Zeit.

2005 zog das Trio in eine größere Wohnung am Rudolfsplatz um. Sie entschieden sich für die Übersiedlung, da Renées Mutter nach dem Tod ihres Mannes öfter nach Wien kam, dann in Renées Zimmer geschlafen und dadurch das Gefühl hatte, Renée zu stören. Und auch wenn das nicht der Fall war, war es doch der Anlass, eine größere Wohnung zu suchen. Tatsächlich kam Renées Mutter daraufhin auch öfter auf Besuch und blieb länger in Wien.

Irgendwann hat sie aber aufgehört, zu reisen. 2009 war es, da ging es ihr schlecht, während sie bei uns war, und sie wollte nur noch nach Hause. Sie dachte, sie würde sterben. Ich sagte: »Ist doch egal, ob du hier stirbst oder in Luxemburg!« Aber sie wollte unbedingt zurück. Obwohl sie so lange unterwegs war. Heute wohnt sie in Luxemburg im Altersheim, ein paar Hundert Meter von dem Haus entfernt, in dem sie aufgewachsen ist. Dort ist sie zu Hause. Und es geht ihr gut.

Es war eine lange Prozedur, bis sie die Wohnung gefunden hatten. Renées Söhne, die damals schon studierten, halfen mit, suchten, besichtigten und organisierten. Als sie endlich fündig geworden waren, managte Fabian den Umbau der Wohnung.

Er war schon immer ein Checker. Er kann auch so höflich sein, wenn er mit den Leuten redet, so manierlich. Ich finde es ja so lustig, weil er für alle immer der Traumsohn ist, und alle stehen auf ihn. Dafür hat er sich manchmal für mich geniert. Witzig, diese vertauschten Rollen. Vor Terminen wie dem Elternsprechtag hat er immer gesagt: »Mama, das darfst du nicht anziehen, und diese Sandalen bitte auch nicht, das sind Bonga-Bonga-Sandalen.« Keine Ahnung, was er damit genau meinte. Irgendwann, als ich einen Preis bekommen habe, wurde der Fabian zu meinen Kochkünsten befragt. Da hat er gesagt: »Sie hat einmal etwas gekocht, das war der Gipfel der Unessbarkeit.« Ich erinnere mich sogar, was er gemeint hat: Es war Reis mit Sauce und Hühnchen von »Uncle Ben's«, und dann hab ich einfach noch eine Banane hineingeschnitten. Mir hat's geschmeckt. Interessant ist, dass beide Söhne extrem gut kochen. Das haben sie sicher nicht von mir, sondern von meinem Vater.

Renées Söhne übernahmen also den Küchendienst, und Renée genoss es. Während sie im Labor war, bekam sie Nachrichten, in denen stand: »Sei um 20 Uhr zu Hause, wir haben gekocht.«

Da hab ich mir gedacht: Ich hab im Leben was richtig gemacht.

In der Wohnung am Rudolfsplatz waren Renée, Constantin und Fabian selten nur zu dritt. Es waren immer sehr viele junge Leute da, Freunde und Freundinnen der Kinder, die Wohnung war ja groß genug. Das hatte Renée schon von ihrer Chefin Marlene Belfort gekannt und wichtig gefunden. Marlene hatte ihr gesagt, ihr sei es lieber, dass die Freunde ihrer drei Söhne bei ihr seien, Lärm und Dreck machten, als dass sie irgendwo herumhängen und sie nicht wisse, wo sie sind. Denn junge Leute brauchten einen Platz, an dem sie zusammen sein könnten.

Das hab ich genauso empfunden. Deswegen konnten die Freunde der Kinder immer kommen, die muss-

ten nicht fragen. Und es war mir sehr wichtig, dass ihre Freunde auch willkommen sind. Da waren immer sehr viele, und das war immer sehr nett. Teilweise war es auch chaotisch – in der Früh hab ich oft die Schuhe gezählt im Vorzimmer, und dann bin ich los und hab entsprechend der Anzahl an Schuhpaaren Semmeln fürs Frühstück gekauft.

Irgendwann kamen die Schwiegertöchter dazu. Zuerst war da Marlies, Fabians Freundin, dann kam Thesi, Constantins Freundin. Renée liebt ihre Schwiegertöchter. Mit ihnen wurde die Familie größer, lustiger und bunter. Sie veränderten auch die Wohnsituation: Fabian und Constantin zogen aus. In die Zimmer der beiden nahm Renée immer wieder Mitbewohner auf. Studierende, Kollegen und Kolleginnen, zuletzt Shams, einen jungen Mann, der aus Afghanistan fliehen musste und in Wien gestrandet war. Renée nahm ihn unter ihre Fittiche und in ihre Wohnung auf, kümmerte sich um ihn, organisierte, dass er den Führerschein machen, Deutsch lernen, einen Job finden und eine Ausbildung zum IT-Fachmann anfangen konnte.

Und dann kamen schon die Enkerln. Das ist überhaupt das Beste. Ich hab darüber nicht nachgedacht, aber ich hab mich schon sehr gefreut auf Enkelkinder. Eines Abends sagten Fabian und Marlies, dass ich vorbeikommen müsse, unbedingt. Ich war noch gar nicht ganz in der Wohnung drin, da sagte die Marlies: »Wir kriegen ein Baby!« Ich bin fast ausgeflippt vor Freude.

Ihre erste Enkeltochter Sophia, genannt Pippi, war anfangs jeden Mittwochnachmittag bei Renée. Stunden, die Renée besonders genoss – sie ging ganz und gar auf in ihrer neuen Rolle als Oma. Die nächsten zwei Enkel kündigten sich quasi zeitgleich an: Valerie und

Leopold sind nur drei Wochen auseinander. Dann folgten Moritz und Valentin. Fünf Enkelkinder innerhalb von vier Jahren.

Ich bin überzeugt davon, dass es Großmutterhormone geben muss. Man kennt sie zwar meines Wissens nicht, aber es muss irgendwas geben. Man hat eine Geduld mit den Enkelkindern, die hat man als Elternteil nicht. Die Enkerln können mit mir machen, was sie wollen, ich bin ihnen schutzlos ausgeliefert. Letzten Endes waren sie es, warum wir den Leierhof gesucht und aufgebaut haben. Damit die Kinder am Land aufwachsen. Es ist aber auch super, die können am Grundstück Skifahren, wenn sie wollen.

Die eigenen Söhne mit ihren Kindern zu sehen, ist etwas ganz Besonderes. Wie die verliebt sind, und was sie alles machen! Es ist schon eine neue Vätergeneration, die es früher nicht gegeben hat. Als die Pippi auf die Welt gekommen ist, hat der Fabian alles für sie gemacht, und das mit einer Hingabe! Nach zwei Wochen ist er wieder arbeiten gegangen, und die Marlies hat gesagt, sie weiß gar nicht, was alles zu tun ist, weil der Fabian bisher alles gemacht hatte. Auch der Constantin ist ein so hingebungsvoller Vater, lässt sich voll auf seine Kinder ein, schmust sie ab – das hätte mein Vater nie gemacht. Und auch der Michi nicht wirklich. Das hat sich verändert, und das finde ich sehr cool.

Es gibt ja die Theorie, wie wichtig Großmütter für das Überleben der Enkelkinder sind. Außer bei bestimmten Walen gibt es nur bei den Menschen die Menopause. Warum hat sich so etwas evolviert? Ich denke, es hat damit zu tun, dass die Großmutter eine enorme Ressource für ihre Enkelkinder ist. Deshalb werden Frauen älter, auch wenn das gemein den Männern gegenüber sein mag. Aber sie nehmen dann den Frauen keine Ressourcen mehr weg, und die Großmütter können sich voll um die Enkel kümmern.

»Omig« nennt Renée dieses Gefühl, das sie hat, wenn sie an ihre fünf Enkelkinder denkt. Ein Wort, das sie extra erfunden hat.

XX-Chromosom

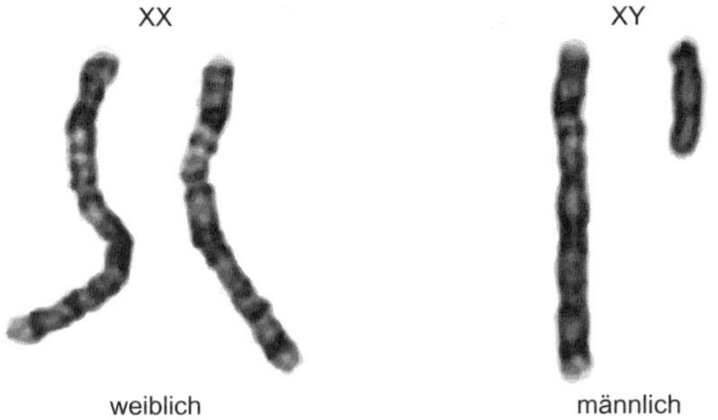

Der Unterschied zwischen männlich und weiblich liegt nicht in der Anzahl der Gene, sondern darin, wie sie aktiviert sind.

Männer haben auch ein X, bei den Frauen ist das zweite X epigenetisch stillgelegt.

Männer haben zusätzliche Gene auf dem Y, das sind aber nur siebzig Stück. Auf anderen Chromosomen sind Tausende Gene. Unter diesen siebzig Genen ist das geschlechtsdeterminierende Gen SRY. Es ist ein Kontrollgen, das bestimmt, dass die Hoden sich entwickeln.

Frausein wurde lange Zeit als Mangelzustand, als Nicht-Mann definiert: Eigenschaften seien männlich – weiblich sei, wenn die Eigenschaft fehlt.

KAPITEL 11

Frauenfreundschaften

Über dem Sofa in Renées Wohnung in Wien hängt ein riesiges Gemälde. Es zeigt in abstrahierter Form eine Frau, die etwas auf dem Kopf zu tragen scheint. Sie hat einen weiten Rock an und geht an einem Strand. Es ist von Renées Freundin Lisl Spurny, genau wie jenes im Gang: ein Porträt, das Renée zeigt, grinsend und mit einem Fahrradhelm auf. Auf einem Sideboard steht eine kleine Bronzefigur; sie stammt von dem bereits verstorbenen Künstler Dan Kulka, dem Mann ihrer Freundin Hanna Engelberg-Kulka. Einige der Bilder, die in Renées Musikzimmer hängen, zeigen sie Seite an Seite mit anderen Frauen. Frauen, die sie ein Stück begleitet haben und noch immer begleiten. Es waren und sind viele Frauen, die Renée beeinflusst haben.

Freundschaften sind für mich sehr wichtig. Ich habe viele Freundschaften. Aber ich habe keinen Freundschaftskult. Was ich zum Beispiel nie wollte, ist dieses »beste Freundin, zweitbeste Freundin«. Oder wenn mich jemand gefragt hat: »Willst du meine beste Freundin sein?« Da hab ich gesagt: »Nein.« Das war in der Schulzeit oft so. Auch die Burschen, die gefragt haben: »Willst du mit mir gehen?« Nein! Wozu? Ich mag diesen Besitzanspruch nicht. Diese Exklusivität, die dadurch verlangt wird. Das wollte ich nie. Weil es nichts mit der Qualität der Freundschaft zu tun hat.

Wenn Renée einmal jemanden ins Herz geschlossen hat, ist sie sehr treu. Hat sie den Zugang zu jemandem, bleibt er bestehen. Ihre Freundschaften halten lange und zerbrechen sehr selten. Auch wenn sie ihre Freundinnen eine Zeit lang nicht sieht, ist das nie ein Problem, auch nach zwanzig oder fünfzig Jahren nicht – es fällt ihr leicht, wieder anzuknüpfen. Ihr Leben ist voller Freundschaften. Die meisten davon, aber nicht alle, sind Frauenfreundschaften. Ein Ranking zu erstellen, widerstrebt ihr nicht nur, es ist unmöglich.

Es sind viele Frauen – und auch ein paar Männer –, die für eine bestimmte Zeit total wichtig waren. Ich bin jemand, der sehr projektbezogen denkt und lebt. Ich mache ein Projekt mit einer Person, und oft steht die Freundschaft in Bezug zu diesem Projekt. Ist es beendet, trifft man sich weiterhin oder man packt ein nächstes Projekt an. Die Freundschaft bleibt erhalten, aber die Intensität verändert sich, nimmt ab und wieder zu.

Freundschaften, die von Geburt an bestehen, Busenfreundinnen über alle Zeiten und Belange hinweg, das gibt es bei Renée nicht. Schon allein deshalb, weil sie im Lauf ihres Lebens immer wieder woanders gelebt hat. Was es aber gibt: Freundschaften, überall, wo sie war. Von allen Orten, an denen sie gelebt hat, sind ein paar davon übrig geblieben, die meistens sehr lange bestehen.

Von meiner Freundin Claudine habe ich definitiv meine Liebe zum Telefonwitz. Wir sind zusammen aufgewachsen in João Monlevade und Belo Horizonte. Ihre Eltern waren auch aus Luxemburg, wir haben von klein auf miteinander gespielt. Damals war das Telefon ganz neu, und es war modisch, Telefonwitze zu machen. Das macht heutzutage auch kein Mensch mehr. Wir haben zum Bei-

spiel jemanden angerufen und gesagt: »Hallo, einen Moment bitte.« Gewartet. Und dann gesagt: »Danke, der Moment ist vorbei.« Und aufgelegt. Wir haben uns fast in die Hosen gemacht vor Lachen.

Ich hab heute noch oft Lust, solche Scherze zu machen. Einmal hat mich ein Professor über seine Sekretärin anrufen lassen, und sie sagt: »Moment, ich verbinde Sie mit Professor Sowieso.« Und ich sitze da und warte und warte, bis er endlich dran ist: »Hallo, wer ist da?« Ich sage: »Einen Moment, ich verbinde Sie gleich mit der Frau Professorin Schroeder.« Ich warte und sage dann: »Hallo? Hier Schroeder!« Und er merkt ja, dass es meine eigene Stimme ist!

Aus der Freundschaft mit Claudine nahm Renée aber noch viel mehr mit. So waren die Eltern ihrer Freundin ganz anders als Renées. Ein spannender Einblick für das junge Mädchen: zu sehen, wie die Dinge in anderen Familien liefen. Renée regte es beispielsweise wahnsinnig auf, dass Claudines Vater so ein Macho war. Er ließ sich von seiner Frau die Dusche mit der richtigen Wassertemperatur aufdrehen und die Kleidung auf dem Sessel herrichten.

Das machten anscheinend viele Frauen dieser Generation. Das hat mich so schockiert. Das sind die Dinge, die einen fürs Leben prägen, die einem klarmachen: Wenn das eine Ehe ist, dann nein danke, nie im Leben. Dinge, die man außerhalb von zu Hause erfährt. Mein Vater war selbstständig, hat gekocht, hat sich nie von meiner Mutter bedienen lassen, das hätte er nie gewollt. Wenn mein Vater gekocht hat, war es für ihn Ehrensache, die Töpfe und die Küche sauber zu hinterlassen. Das hat er mir auch gesagt: »Wenn du kochst, räum gleich deine Töpfe weg und lass nicht den anderen den Dreck zum Putzen. Das ist Teil der Qualität des Kochens.«

Er hat zum Beispiel oft mit seinen Freunden gefischt, und anschließend haben die Männer für uns alle aufgekocht. Mir hat das getaugt. Und mir war klar, ich möchte nie einen Mann, der sich hinsetzt und raunzt, wenn es nicht gut genug ist. Das macht keinen Spaß. Der Vater von Claudine war aber genau so. Diesen Unterschied zu sehen, war für mich wichtig.

Als Renée viele Jahre später in Paris ihre Postdoc-Stelle hatte, traf sie Claudine wieder. Die beiden Frauen knüpften sofort wieder an ihre gemeinsame Vergangenheit an und verbrachten viel Zeit zusammen. Claudine studierte in Paris Psychologie. Von da an kam Claudine, die nun wieder in Brasilien lebt, immer wieder nach Europa, sie reisten viel zusammen. Und später bekamen sie fast zeitgleich ihre Söhne Fabian und Fabio. Immer wieder verlor Renée vorübergehend die Verbindungen zu Freundinnen, die aber später wieder aufgenommen und neu geknüpft wurden.

Vielleicht ist es eine Frage des Alters, dass ich vor etwa zehn Jahren angefangen habe, die Freundschaften der Jugend zu suchen. Vor allem aus der Zeit in Bruck. In der Zeit, da war ich zwischen 14 und 19 Jahre alt, haben wir wirklich so viel gemacht, und es war eine so prägende Zeit, auch wenn es nur fünf Jahre waren. Danach bin ich nach Wien gekommen, habe studiert, gearbeitet, Kinder und Beruf – die Zeit ist nur so verflogen. Und wir haben uns zwanzig, dreißig Jahre nicht gesehen. Weil einfach keine Zeit war. Als wir dann alle über fünfzig waren, hatten plötzlich alle das Bedürfnis, sich zu treffen. Und es war sehr klass. Seitdem ist das alles wieder aufrecht, der ganze Freundeskreis.

So haben viele Freundschaften, die im Lauf dieser fünf Jahre in Bruck an der Mur geknüpft wurden, bis heute Bestand. Es sind Freundschaften, die im Momentum der 68er-Bewegung entstanden sind, inmitten dieser Aufbruchsstimmung. Es waren Freundschaften, die meinungsbildend waren, weltbildprägend. Es ging nicht nur ums Feiern, Rauchen und Saufen, sondern auch darum, zu lesen, zu diskutieren, sich auszutauschen.

Ich denke, es ist sehr wichtig, in diesem Alter eine Gruppe zu haben, in der man alles ausprobieren kann. Für die Entwicklung und für die Meinungsbildung ist das ganz wichtig.

Eng mit Renées Zeit in Bruck ist der »Club« verknüpft, der »SUS 5O5«, zu dem viele junge Leute gehörten, Mädchen wie Burschen – ein großer Kreis, mit dem Renée viel zusammen war, viel unternahm. Gundi und Melli gehörten dazu, genau wie Heinzi und Rudi, mit denen sie später in Wien in einer Wohngemeinschaft lebte.

Mit Gundi und Melli bin ich immer noch oft zusammen, und ich freu mich jedes Mal, wenn wir uns sehen. Das sind Freundinnen, mit denen ich einfach über alles reden kann. Uns geht nie der Gesprächsstoff aus. Das ist etwas, das für mich eine gute Freundschaft ausmacht. Es gibt ja auch Leute, die triffst du im Kaffeehaus, es ist lustig, aber nach einer halben Stunde weißt du eigentlich nicht mehr, was du noch reden sollst. Da kommt dieser Punkt, wo es mühsam wird, ein Gespräch am Laufen zu halten. Und dann gibt es Leute wie eben Gundi und Melli, da hört das nie auf, da wird geredet und geredet und geredet. Das ist für mich sehr anregend und aufbauend, da fühle ich mich einfach gut.

Als Renée fünfzig Jahre in Österreich war, gab sie ein großes Fest. Im Juli 2017, fast auf den Tag genau fünf Jahrzehnte, nachdem Renée mit ihrer Familie in Bruck angekommen war. Anfangs hatte sie noch die Jahre gezählt, soundso viele Jahre weg aus Brasilien – und irgendwann hatte sie zu zählen aufgehört. Bis es ihr auffiel: Es werden jetzt fünfzig! Da kam das Bedürfnis, zu feiern, alle einzuladen und ein großes Fest zu organisieren. Für die Feier wählte sie das Hotel Post Karlon in Aflenz – einen Ort, an den sie früher schon oft mit ihrem Vater zum Langlaufen gekommen war, später zum Wandern und Mittagessen. Die Familie, der das Gasthaus gehört: Sie sind inzwischen Freunde.

Zu diesem Fünfzig-Jahre-Österreich-Jubiläum kamen viele aus der Brucker Clique. Sie alle waren in den vergangenen fünfzig Jahren ganz unterschiedliche Wege gegangen: Da gab es eine, die sich den Drogen zuwandte und den Boden unter den Füßen verlor, deren Charakter sich veränderte und die deshalb kaum mehr Kontakt zur restlichen Clique hatte. Da war Gundi, die die Anwaltskanzlei von ihrem Vater übernommen hatte, einem Mann, der im Krieg erblindet war und vor einigen Jahren gestorben ist. Gundi war deswegen nicht viel in der Welt unterwegs gewesen, da sie ihren Vater immer mitbetreut hat. Sie hat drei Kinder und Enkelkinder. Da war Melli, die Physik studiert hat, eine umtriebige Geschäftsfrau ist und eine Firma für Beschattungstechnik in Neusiedl führt. Da war Peter, der Politiker ist, Heinz, der Fotograf wurde, Bernd, der Psychologe, Annelie, die Geschäftsfrau, und so weiter.

Alle sind ihre Wege gegangen. Ob sie glücklich geworden sind? Das Ziel ist doch, dass man sich entwickelt und zurechtkommt. Und das schafft jeder auf seine eigene Art und Weise. Ich verurteile nicht. Interessant finde ich, dass alle Frauen aus unserer Klasse – wir waren eine reine Mädchenklasse – berufstätig geworden sind; keine Einzige war Hausfrau, glaube ich. Es fällt mir zumindest keine ein. Ich weiß nicht, ob das Zufall war. Wir sind sicher keine Prinzessinnengeneration, sondern eine Generation der kämpferischen, selbstbewussten Frauen. Wir wurden auch, das muss man schon dazusagen, noch nicht von der Industrie in diese Rolle gedrängt.

In Frankreich, Anfang der 1980er-Jahre, in ihrer Zeit als Postdoc am Labor von Piotr Slonimski, lernte Renée Frauen kennen, die die Welt der Wissenschaft für sich erobert hatten. Ihr Selbstverständnis war ein ganz anderes als das der paar wenigen Frauen, mit denen Renée in Wien zusammengearbeitet hatte. Eine beflügelnde Zeit für sie.

Marika Somlo war eine Ungarin, die im Nebenlabor arbeitete. Mit ihr bin ich in der Mittagspause oft schwimmen gegangen, eine unserer gemeinsamen Leidenschaften. Wir fuhren nach Orsay und schwammen unsere Längen. Marika war sehr belesen, intellektuell, und das hat mir sehr getaugt. Mit ihr konnte ich stundenlang reden. Sie war aus Ungarn geflüchtet. In Slonimskis Labor waren viele Wissenschaftler aus dem sogenannten Ostblock, viele Polen, Ungarn; Wissenschaftler, die wie Marika aus dem Osten geflohen waren. Slonimski hat sie sehr unterstützt. In Frankreich gab es überhaupt viele Exilwissenschaftler, auch Exiljuden; Frankreich war da immer aufnahmebereit für intellektuelle Leute.

Die Marika war sehr cool. Wir haben feministische Literatur gelesen und darüber philosophiert, über Frauen und Frauenrechte. Leider ist Marika ganz tragisch ums Leben gekommen: Wenn Hefe sporuliert, muss man unter dem Mikroskop mit einer Nadel diese Zellen händisch auseinanderziehen, das ist relativ anstrengend. Während sie das tat, hatte sie einen Schlaganfall. Sie wurde im Kammerl mit dem Mikroskop tot gefunden. Da war sie erst knapp über fünfzig.

Nach ihrer Zeit in Paris kam Renée mit ihrer Familie zurück nach Wien. Nahm eine Assistentenstelle an, war und fühlte sich dabei aber wie ein Mädchen für alles.

Sie wollte weg, sich auf ihre Forschung konzentrieren. Sie merkte: Würde sie in Wien bleiben, wäre sie nur mit Administration beschäftigt. Sie stolperte über ein Paper, das Marlene Belfort publiziert hatte. Darin stellte diese eine Technik vor, die für Renées Forschungsthema, das RNA-Splicing, vielversprechend und neu war. Renée fuhr zu einem RNA-Meeting in Cold Spring Harbour – mit dem festen Vorsatz, Marlene anzusprechen und zu fragen, ob sie zu ihr nach Amerika kommen könne.

Zufällig war während dieses Meetings meine Freundin Andrea Barta mit Marlene im gleichen Zimmer. Dadurch wusste ich, wie sie ausschaut, es gab ja noch kein Internet. Es ist schade, dass bei den Meetings heutzutage nicht mehr Zimmer geteilt werden. Dadurch, dass mehr Geld in der Forschung ist und die Leute auch älter und ein bisschen verwöhnt sind, wollen alle ein Einzelzimmer haben. Ich kenne aber so viele Leute gerade daher, dass ich mit ihnen auf Kongressen und Meetings das Zimmer geteilt habe. Da bist du mit jemandem auf engem Raum, den du gar nicht kennst. Ich habe auf diese Weise so viel über Menschen erfahren. Einmal habe ich eine Jugoslawin kennengelernt, die aus dem Krieg nach Japan geflüchtet war und dort gearbeitet hat. Sie hat mir die ganze Nacht lang ihr Leben erzählt.

Und so konnte Renée auch auf unkomplizierte Weise Kontakt mit Marlene Belfort knüpfen: Renée sprach sie an, sagte, sie fände die von ihr entwickelte Technik genial und wolle als Postdoc zu ihr ins Labor kommen, würde auch schauen, dass sie ein Stipendium auftreibe. Marlene sagte sofort Ja. Und Renée verbrachte zwei Jahre bei ihr. Jahre, in denen sie mit Marlene auf vielen verschiedenen Ebenen Freundschaft schloss.

Einerseits war sie meine Chefin. Andererseits habe ich aber auch einiges an Know-how in die Gruppe mitge-

bracht. Wir haben voneinander viel gelernt. Sie hat mir die Genetik beigebracht, ich ihr eher die Chemie. Wir haben viel Zeit miteinander verbracht, gearbeitet, diskutiert. Ich habe über ihre Papers nachgedacht und Ideen gehabt.

Es war die Zeit, in der Marlene eine tiefe Krise mit ihrem Chef hatte. Er behandelte sie nicht gut, legte ihr Steine in den Weg, machte ihr das Leben schwer. Da war ich ihr, denke ich, eine wichtige Stütze. Weil ich genug Abstand hatte, zu ihr und zum Institut. Ich war Feministin, hatte schon zu meiner Zeit in Paris viel über Frauenfragen diskutiert. Und ich glaube, dadurch habe ich ihr den nötigen Abstand zu ihrem Problem gebracht, indem ich gesagt habe: »Vergiss es! Wer ist denn der Typ? Ein No-Name! Lass ihn, vergeude keine Energie mit solchen Leuten, die dir nicht wohlgesinnt sind.« Das war sozusagen ihre Lösung, die Türe, die sich für sie geöffnet hat.

Zu dieser Zeit bekam Marlene auch Besuch von Hanna Engelberg-Kulka, einer jüdischen Forscherin, die aus Wien nach Israel geflohen war.

Hanna wurde abends nie müde, sie hat geredet und geredet und geredet. Und so sind wir draufgekommen, dass sie als Kind nur einen Block von dem Haus, in dem meine Wohnung in Wien war, gewohnt hatte. Hannas ganze Familie wurde 1938 aus Wien vertrieben, sie sind nach Italien geflohen und dann weiter nach Israel. Ihr Vater war auch Chemiker. Sie heiratete in Israel den Künstler Dan Kulka, einen Tschechen, der nach dem Prager Frühling geflohen ist. Im Hinterhof meines Wohnhauses war früher der jüdische Friedhof, und auf der anderen Seite war ein jüdisches Krankenhaus. Sie hatte genau gegenüber davon gewohnt. Als ich zurück in Wien war, habe ich sie eingeladen.

Renée organisierte, dass Hanna zu einem Vortrag nach Wien eingeflogen wurde, das war in den frühen

1990er-Jahren. Hanna kam damals zum ersten Mal wieder nach Wien, nachdem sie die Stadt als kleines Mädchen verlassen hatte müssen.

Es ist schwer zu sagen, woraus Hannas und meine Freundschaft besteht, sie ist einfach da. Hanna ist lustig, wir unternehmen viel zusammen, schreiben uns hin und wieder. Einmal im Jahr, zu Pessach, kommt sie mich in Wien besuchen. Dann ist es immer lustig mit ihr, die Zeit ist sehr intensiv. Wir diskutieren, streiten über alles Mögliche, auch wissenschaftliche Themen. Hanna ist eine unheimliche Denkerin. Sie ist auch Biochemikerin, erforscht Altruismus in Bakterien, und ist noch dazu eine begnadete Sprecherin. Ich habe Hanna im Rahmen der 650-Jahr-Feier der Uni Wien für das Ehrendoktorat nominiert, das hat sie auch bekommen. Sie ist jetzt über achtzig und möchte arbeiten, bis sie nicht mehr kann. Sie hat wirklich viel gemeinsam mit der Erika.

Auch Erika Freeman war als Kind von den Nazis vertrieben worden und machte im Ausland Karriere. In ihrem Fall in Amerika, wo Erika Psychologie studierte und sich als Therapeutin der Hollywoodstars der 1960er-Jahre einen Namen machte. Erst vor wenigen Jahren begann Erika, inzwischen 92 Jahre alt, sich mit ihrer Heimatstadt Wien zu versöhnen. Renée lernte sie über gemeinsame Bekannte kennen.

Erika habe ich erst vor Kurzem kennengelernt. Sie ist Therapeutin, aber ich habe das Gefühl, dass ich ihre Therapie bin. Sie hält sich an mir fest. Ich bin ihr Fels. Sie weiß, dass ich bereit bin, für sie da zu sein und mich für sie einzusetzen. Das spüren viele Leute. Auch meine Mutter sagte, nachdem mein Vater gestorben war, dass ich ihre Konstante bin. Ich denke, ich habe eine gewisse Bodenhaftung, die den Leuten Sicherheit gibt. So habe ich einige Freundinnen, die, als es ihnen schlecht gegangen ist, gemerkt haben, dass sie sich bei mir anhalten können. Dass sie darauf vertrauen können.

Eine Konstante in Renées Leben ist Andrea Barta. Renée lernte sie schon während des Studiums kennen. Andrea, die drei Jahre älter ist als Renée, war zwar nicht in ihrem Jahrgang, aber die beiden Frauen fanden trotzdem zueinander: So viele Studentinnen gab es ja nicht an der Chemie. Nach dem Studium zog es auch Andrea in die Welt hinaus. Sie war in Australien, in Kalifornien, dann landete sie, genau wie Renée, wieder in Wien und, genau wie Renée, in der RNA-Forschung. Seither gehen die beiden Wissenschaftlerinnen Seite an Seite. Dass sie nie am gleichen Institut waren, war dabei immer irrelevant.

Gemeinsam bauten Andrea und Renée die RNA-Forschung in Wien auf, waren Role Models, weltweit aktiv und bekannt. Die »Girls from Vienna«. Sie reichten Projekte ein, organisierten Meetings, wurden durch ihre Aktivität sichtbar. Sie promoteten junge Forscherinnen, leisteten viel soziale Arbeit, machten den Campus vor allem für Frauen lebenswerter, setzten sich etwa dafür ein, dass es einen Kindergarten gibt.

Wir beide waren schon Vorbilder, denke ich. Aber lustvolle.

Kam ein neuer Mitarbeiter, luden Andrea und Renée zum Come-Together, waren inkludierend, leisteten Aufbauarbeit – Dinge, die man nicht sieht, aber spürt.

Die Andrea kann das noch viel besser als ich. Sie ist sehr rational und überhaupt nicht auf den eigenen Vorteil bedacht. Wir werden lustigerweise immer verwechselt, obwohl wir uns gar nicht ähnlich schauen. Damit haben wir auch gespielt: Bei Kongressen haben wir oft die Namensschilder getauscht. Nicht selten kam jemand zu mir: »Can you tell Renée …« Und ich schaute ihn an, abwartend, ob er draufkommt, dass ich es bin. Nein. Unser Rektor hat oft auch nicht gewusst, was er mit der Andrea ausgemacht hat und was mit mir. Wir haben oft gescherzt: »Geh du für mich hin, es fällt ja eh nicht auf.«

Die beiden verbindet eine tiefe, harmonische Freundschaft, in der nie gestritten wurde, es kaum Spannungen gab. Die beiden Frauen zogen immer an einem Strang. Gab es Sorgen oder Probleme – meist ging es um Instituts- oder Wissenschaftspolitik –, fanden sie immer eine Lösung.

Das hat immer funktioniert. Diese gegenseitige Bereicherung. Was uns ausgezeichnet hat, war: Wir haben nicht für uns selbst gearbeitet, nicht für die eigenen Interessen, sondern für das Ganze.

Mit Andrea gründete Renée den »Club der schönen Frauen«, einen, wie die beiden es bezeichnen, »Witzclub«. Der Club hat keine Mission. Er besteht aus rund einem Dutzend Frauen, die sich zum Abendessen treffen, sich austauschen – ein Club für die Seele. Andrea war es auch, die Renée beibrachte, wie man einen eitlen Mann bekämpfen muss: nicht mit männlichen, sondern mit weiblichen Waffen.

Da war ein unangenehmer Professor, und wir haben immer zu ihm gesagt: »Hallo, schöner Mann.« Er war dann völlig hilflos, hatte keine Waffen mehr. Das habe ich von der Andrea gelernt. Wenn du einen Kampf hast und wirklich etwas erreichen willst, nicht aus Eitelkeit, und einen Mann überzeugen willst, dann sage zu ihm: »Sie haben doch diese tolle Idee gehabt …« Und dann sagst du ihm, was seine Idee war – auch wenn es überhaupt nicht von ihm kam, aber du kannst es ihm als seine verkaufen.

Das funktioniert. Auch mit Politikern. Wenn du eine Idee hast, erzähle den Leuten die Idee, überlasse ihnen die Lorbeeren, um die geht es ja nicht. Das war unsere Strategie, und darin ist die Andrea einfach super. Wir sind nicht die, die mit Gewalt auf die Leute losgehen, sondern die, die Leute an Bord holen und sie glauben lassen, das sei ihre Idee gewesen. Das mag nicht jedermanns Art sein, und nicht jeder kommt damit zurecht. Aber oft haben wir dadurch erreicht, was wir erreichen wollten.

Frauenfreundschaften sind schon klass. Sie sind lustig. Einfach. Man nimmt sich nicht so ernst. Nicht Möchtegern-mächtige Frauen, die den Männern das Mächtigsein nachmachen wollen und sich als Burschenschaft, die aus Frauen besteht, sehen.

Neben vielen Frauen gab und gibt es natürlich auch Männerfreundschaften in Renées Biografie. Es sind Männer, die sich nicht darüber definieren, ein Mann zu sein. Feministen, wenn man so will. Über viele Jahre teilte Renée ihr Büro mit Gustav Ammerer, neben dem sie schon zu Beginn ihrer Studienzeit in der Mathematikübung gesessen war. Die, in der Renée immer an der Tafel vorrechnen musste. Den Austausch mit Gustav, der ganz anders tickt als sie, genoss Renée immer sehr. Sie diskutierten viel, inhaltlich.

Andrea und ich haben mit dem Gustav eine lustige Geschichte erlebt: Wir waren Skifahren am Semmering, und am Ende sagte er: »Na, es ist schon super, wenn man mit zwei halbwegs passablen Frauen unterwegs ist.« Die Andrea und ich schauen uns an: Was? Halbwegs passabel? Dann haben wir ihn so was von eingeseift im Schnee. Das ist bis heute ein geflügeltes Wort: Halbwegs passabel. Das ist dem Gustav hängen geblieben.

Gustavs Forschungsgebiet ist die Hefe-Genexpression. Als Konkurrenten sahen sie sich schon allein der unterschiedlichen Betätigungsfelder wegen nie. Auch weil sie so unterschiedliche Typen sind: Renée, die Kommunikative; Gustav, der Introvertierte. Eine Freundschaft, die aus der Verschiedenheit lebt.

Was ich gelitten habe, wenn der Gustav einen Vortrag halten musste! Er ist nämlich echt gehemmt beim Reden. Er hat auch seine Unterrichtsstunden immer weitergegeben. Das konnte er gar nicht. Er ist jemand, der sehr gut schreibt und unheimlich aktiv ist, für Künstler spendet, Achttausender besteigt, Cello spielt und so weiter.

Als Renée den Wittgenstein-Preis bekam, wurde sie schlagartig bekannt. Sie gehörte zu einem kleinen Kreis, einer Handvoll Leute, mit denen sie viel teilte. So etwa die Einsamkeit, die mit einem solchen Preis kommt: Plötzlich gab es Neider. Mit wem feiern? Mit wem sich freuen? Ruth Wodak war die erste weibliche Wittgenstein-Preisträgerin: Schon 1996 wurde ihr diese Auszeichnung zugesprochen, sieben Jahre vor Renée. Der damalige Präsident des FWF, Georg Wick, sagte zu Renée: »Tut euch zusammen, ihr Preisträger habt gemeinsam eine starke Stimme!« So kontaktierte Renée Ruth, schlug ihr vor, einen Club der Wittgenstein-Preisträgerinnen zu gründen. Der Beginn einer Freundschaft.

Ich kann mich genau daran erinnern: Ich habe bei mir zu Hause Couscous gekocht und alle Wittgenstein-Preisträger eingeladen. Das war einer dieser magischen Abende, an denen die Leute reden und reden, und jeder spürt, dass das jetzt eine Gruppe von Leuten ist, die einander verstehen. Wir haben beschlossen, die jeweils neuen Preisträger einzuladen. So ist die Gruppe gewachsen, und inzwischen passen wir in kein Wohnzimmer mehr. Mit der Ruth habe ich mich sofort verstanden. Das war so eine Zuneigung, und zwar in dem Sinne, dass wir beide gegen Ungerechtigkeiten sind. Wenn jemand unfair behandelt wird, das halten wir nicht aus, da kämpfen wir.

So haben wir uns im Lauf der Jahre hinter viele Frauen gestellt, die mies behandelt worden sind. Weil wir beide aus unseren Kämpfen wissen, dass es einen Riesenunter-

schied macht, wenn man jemanden hat, der hinter einem steht. Ruth wurde von der Akademie der Wissenschaften zwei Mal brüskiert. Das erste Mal, als sie ihr Wittgenstein-Projekt abgedreht haben. Das hat sie fürchterlich getroffen. Damals kannten wir uns noch nicht. Jahre später wollte ich sie als ordentliches Mitglied vorschlagen, und sie haben sie wieder abgelehnt. Sie war letzten Endes der Anlass für mich, die Akademie zu verlassen.

Freundschaft ist auch, für andere einzustehen. Sich unbeliebt zu machen. Daraus wächst Vertrauen. Vertrauen, das passt zu den jungen Menschen, die Renée im Lauf ihrer Karriere begleitet hat. Es ist, so sagt sie, ein Privileg, stets von so vielen jungen Leuten umgeben zu sein, die immer wieder neue Perspektiven bringen, die sich niemals abnützen.

Meine »Lab Kids« waren und sind nach wie vor eine Quelle der Inspiration, der Freude und vor allem der Verantwortung, die man als Gruppenleiterin hat. Ich liebe meine »Lab Kids«! Ich hätte am Anfang der »Schroeder Group« nie gedacht, wie wichtig sie für mich werden. Diese »Kohorte« sehe ich immer sehr gerne wieder – es ist immer aufregend, sie wieder zu treffen, und untereinander sind sie auch gut vernetzt! »Lab Kids« gehen meistens einmal durch eine Krise während ihrer Dissertation oder Postdoc-Zeit. Da muss man sie begleiten, bis sie dort ankommen, wo sie hinwollen. Es bleibt oft eine lebenslange Beziehung und, ja, Freundschaft.

Uwe von Ahsen war Renées erster Dissertant, Andrés Magán Garcia, ein Spanier, der letzte. Zwischen diesen beiden liegen fast vierzig Jahre und zwischen achtzig und hundert »Lab Kids« – so ganz genau ist das kaum mehr nachzuvollziehen. Dabei gab es ungefähr gleich viele Männer wie Frauen. Es waren Diplomanden, Dissertanten, Postdocs; manche blieben lange, manche nur für kurze Zeit. Viele landeten in der Pharmaindustrie, in der Lehre, in der Administration, in der Verbreitung der Wissenschaft. Nur wenige verfolgten eine akademisch-wissenschaftliche Karriere. Doch alle blieben mit Renée auf die eine oder andere Weise, enger oder loser, verbunden. Genau wie Renées Mentees. Das sind die etwa zwanzig Frauen und Männer, die im Lauf der Jahre zu Renées Mentee-Gruppen gehört haben und gehören.

Für mich ist diese Perspektive wichtig, dass ich mit jungen Menschen, Männern wie Frauen, zu tun hatte. Wenn ich Mentoring mache, sage ich nicht: »Du musst es so oder so machen.« Es muss ja jeder seinen Weg finden. Man könnte jetzt sagen, das ist nur ein Geben von mir. Das ist es aber nicht. Ich nehme sehr viel mit aus den Gesprächen mit diesen jungen Leuten. Ich sehe, was aus ihnen wird – das allein ist eine Bereicherung.

Auch die Erkenntnis, dass ich nicht mehr tauschen möchte, nehme ich aus diesen Mentee-Beziehungen, die durchaus freundschaftlich sind, mit. Ich kann mich erinnern, als mein Vater fünfzig geworden ist, da hat er mir leidgetan, weil er schon so alt war. Aber das Alter fühlt sich nicht so an, wie es ausschaut. Wenn man jung ist, schaut man besser aus, als man sich fühlt. Und im Alter fühlt man sich viel besser, als man ausschaut.

Adenosintriphosphat

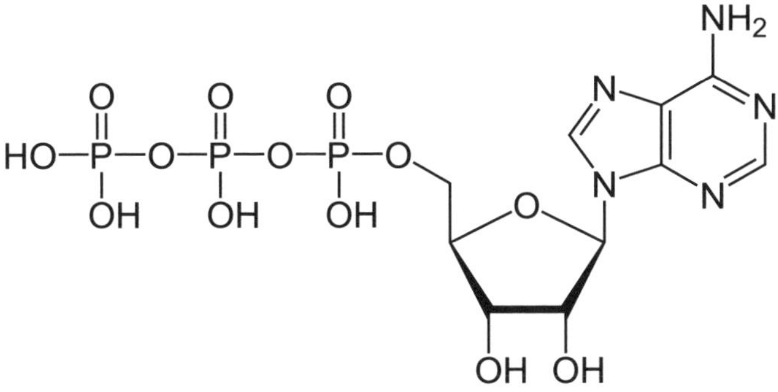

Adenosintriphosphat (ATP) besteht aus der Base Adenosin, einer Ribose und drei Phosphaten.

Es ist die Energiewährung des Lebens, ein Baustein der RNA, der sich überall in der Zelle befindet. Ohne ATP keine RNA und auch keine DNA, keine Desoxyribose: Desoxy-ATP wird aus ATP hergestellt.

ATP hängt eine energiereiche Phosphatgruppe an Proteine an, um deren Aktivität zu regulieren.

Bei der Atmung wird ATP erzeugt. Fehlt ATP, muss man stärker atmen.

Viel ATP bedeutet viel Energie.

KAPITEL 12

Ausstieg

Renée ist keine, die gerne langfristige Pläne schmiedet. Pläne, sagt sie, engen die Sicht darauf ein, was alles am Wegesrand wartet, was neben dem eigenen Fokus liegt. Man übersieht dann, welche Möglichkeiten lauern – manchmal viel bessere, als man das hätte planen können. Mit ihrem Ausstieg aus der Wissenschaft ist es etwas anderes. Es war ihr wichtig, kein Chaos zu hinterlassen.

Für mich war es schon immer klar, dass ich nicht ewig an der Uni herumhängen bleiben und ein Labor haben werde und ewig das Gleiche mache, bis ich tot vom Sessel falle. Weil ich gern noch so viele andere Sachen machen möchte. Als ich 55 wurde, hab ich mir genau überlegt: So, jetzt hab ich noch zehn Jahre. Was möchte ich in diesen zehn Jahren noch machen? Was geht sich aus? Ich wollte nicht so dahinplempern, ohne Plan. Auch wenn ich nicht gerne Pläne mache oder immer genau nach Plan vorgehe, war es in dem Fall einfach wichtig. Ich musste ja wissen, ob genug Geld da ist und welche Projekte ich damit noch realisieren kann.

Ein Projekt, das sie sich für die letzten zehn Jahre vorgenommen hatte, war dann ein sehr schwieriges. Sie wollte der Frage nachgehen, ob es RNAs gibt, die ihre eigene Synthese regulieren. Eine Frage, die genau in Renées »Beuteschema« passte, denn: Diese Frage ist Teil der RNA-Welt-Hypothese, die Renée ihr gesamtes Forscherinnenleben begleitete. Im Grunde war es immer die Frage, welche Funktionen RNA haben kann. Diese Frage nach der Regulierung der Synthese war eine neue Funktion. Für Renée war die Frage immer spannend: Wie konnte das Leben sich von selbst erschaffen? Und wenn das Leben sich selbst organisieren kann, muss die RNA das auch können. Diese Frage kristallisierte sich allerdings erst nach und nach richtig heraus.

Es ist oft so, wenn man ein Projekt beginnt, dass einem noch nicht ganz klar ist, wo es langgeht. Ich wollte ursprünglich nur wissen, ob es RNAs gibt, die mit RNA-Polymerase wechselwirken. Das müssten sie in »cis« machen. Das bedeutet, dass die Wechselwirkung mit dem Syntheseapparat selbst schon während der Synthese stattfindet. Sodass sie ihre eigene Herstellung regulieren. Wir haben nach diesen cis-regulatorischen RNAs gesucht, und zwar in drei Systemen: in menschlichen Zellen, in der Bierhefe und in Bakterien.

Neben diesem Forschungsprojekt gab es noch einen zweiten großen Brocken, der auf Renées Plan für die letzten Jahre stand: einen Sonderforschungsbereich, kurz SFB, einzurichten. Bei diesen SFBs handelt es sich um Projekte, an denen zehn, zwanzig Gruppen gemeinsam arbeiten. Die RNA-Forschung hatte in Wien schon einen so starken Stellenwert, dass Renée fand, es sei an der Zeit, einen Sonderforschungsbereich zu beantragen. Sie legte dafür ihre Funktion als Vizepräsidentin des FWF nieder.

Ich war ja Vizepräsidentin vom FWF für Medizin und Biologie und Personalentwicklung, Stipendien und Frauenförderung. Ich bin da ganz bewusst in keine dritte

Funktionsperiode gegangen, denn den Sonderforschungsbereich muss man beim FWF beantragen, und das wäre eine Befangenheitsfrage – beides geht nicht. Es hat dann auch geklappt, wir haben den SFB bekommen, der läuft meistens auf zwei Perioden zu je vier Jahren. Die ersten vier Jahre habe ich den Sonderforschungsbereich geleitet und den Nachfolgeantrag eingereicht. Gleichzeitig habe ich die Projektleitung schon übergeben an meinen Kollegen Michi Jantsch. Das wollte ich unbedingt rechtzeitig machen, um ihn noch unterstützen zu können, weil das sehr viel Arbeit und sehr viel Verantwortung bedeutet.

Nachdem die Zukunft des Sonderforschungsbereiches geklärt war, überlegte Renée, welche Projekte sie noch einreichen musste und wie deren Finanzierung laufen könnte. Und sie nahm ihren letzten Dissertanten auf. Sie informierte ihn darüber, dass sie im Sommer oder spätestens Ende 2018 in Pension gehen wollte. Er nahm die Stelle trotzdem an.

Im Endeffekt ist es sich nicht ausgegangen. Er war ein bisschen langsamer als gehofft. Aber es war, wie es eben war. Mir wäre es lieber gewesen, ich hätte mit ihm gemeinsam Schluss gemacht, aber er wurde erst im Juni 2019 fertig, deshalb war bis dahin das Labor noch offen. Dafür musste natürlich Geld da sein, für seine Anstellung und Forschung. Das war meine Aufgabe als Forschungsleiterin: darauf zu schauen, dass die Leute bezahlt werden können.

Ihr Plan, mit 65 zu gehen, ging letzten Endes also nicht ganz auf. Schließlich wurde es ein Jahr mehr – mit knapp über 66 schloss sie ihre Labortüre hinter dem letzten Dissertanten.

Genau genommen war ich im letzten Jahr nicht mehr angestellt, sondern in Pension. Das sind alle, die 65 werden. Sie gehen in Pension, aber sie bleiben dort.

Sie behalten ihr Labor, behalten ihre Projekte. Sie tun so, als wäre alles ganz normal, nur werden sie eben nicht mehr von der Uni bezahlt, sondern von der Pensionsversicherung. Da gibt es viele, die sehr lange bleiben. Aber ich finde das nicht so toll. Erstens, weil es ohnehin an Ressourcen für die jungen Leute mangelt. Jedes Projekt, das man als Alter hat, fehlt einem Jungen. Außerdem macht man, wenn man alt ist, zwar noch gute Sachen, aber immer »more of the same«. Man macht nicht mehr wirklich innovative Projekte, hat nicht mehr neuartige Herangehensweisen. Man hat seine Art, wie es funktioniert, weiß, wie man erfolgreich ist, und hat eben dann die Tendenz, das Gleiche oder Ähnliches zu machen. So gesehen sind junge Leute, die ganz neue Dinge ausprobieren, wichtiger.

Ihre Forschung an sich wird Renée nicht übergeben. Das bedeutet nicht, dass das Thema eingestellt wird, doch ihre eigene Forschung wird mit ihr in Pension gehen. Andere Leute werden in ihrem Feld weiterforschen. Interessenten gibt es genug: ein Institut in New York; ein ehemaliger Student von Renée, der in Straßburg forscht und ein großes europäisches Projekt dafür eingereicht hat. Auch am Institute of Science and Technology Austria (IST Austria) in Klosterneuburg gibt es eine Gruppenleiterin, die in Renées Forschungsfeld weiterarbeitet.

Es werden schon mehrere Leute daran arbeiten, da mach ich mir keine Sorgen. Es sind jede Menge Fragen offen. Immerhin ist es ein ganz neues Gebiet – der Mechanismus, wie die RNAs sich selbst regulieren, ist noch vollkommen unbekannt. Ich würde sagen, es sind eigentlich erst zehn Prozent von dem erforscht, was es zu erforschen gibt. Man kann noch enorm viel machen in diesem Projekt.

Ursprünglich war es meine Idee. Es ist so: Du musst immer Dinge finden, wo nicht alle dran arbeiten, weil das nur stressig ist. Ich wollte eigentlich immer ein Thema haben, das nicht gleichzeitig viele andere verfolgen; eine Nische, wenn man so will. Obwohl Nischenforschung generell als negativ angesehen wird. Aber wenn du nur Mainstream machst, bist du eigentlich selber schuld. Da geht es nur um den Wettbewerb, wer der Erste ist, der Antworten findet. Wenn aber eh alle daran arbeiten, muss ich mich nicht auch noch einmischen. Also habe ich immer lieber etwas gemacht, was die anderen nicht machen.

Renées Professur wird nachbesetzt werden. Eine Frau wäre wohl eine gute Wahl als Nachfolgerin, ein sichtbares Zeichen für den erfolgreichen Ausgang des Kampfes, den Renée und ihre Mitstreiterinnen in den vergangenen Jahrzehnten ausgefochten haben. Ihre Stelle als Institutsleiterin hat Renée bereits mit Jahresanfang 2018 an einen Kollegen, Sascha Martens, übergeben. Ganz bewusst wollte sie, dass sie sich mindestens ein halbes Jahr überlappen, um den Übergang so reibungslos wie möglich zu gestalten.

Wir haben das Büro miteinander geteilt, was sehr nett war. Ich war im Jahr 2018 auch nur noch zwanzig Stunden angestellt, weil ich sehr viel Zeit in Luxemburg bei meiner Mutter verbracht habe. Vor allem in den ersten Monaten des Jahres 2018 ging es ihr nicht gut; ich war viel bei ihr und froh, dass die Institutsleitung schon abgegeben war. Das Büro zu teilen, war nicht nur praktisch, sondern auch sehr schön. Ich habe nie verstanden, warum jeder ein Büro für sich allein haben will. Als das Institutsgebäude in der Althanstraße gebaut wurde, 1985, haben sie riesige Professorenzimmer gebaut, total überdimensioniert, mit Sekretariaten, Bibliotheken, Küchen,

Duschen – wie Wohnungen. Das finde ich total daneben. Das ist Platzverschwendung. Das Gebäude war sehr auf Prestige ausgerichtet, hat viele Räume zum Herzeigen, aber wenige funktionale Räume. Unser Institutsgebäude in der Dr.-Bohr-Gasse ist genau umgekehrt: Es ist sehr funktional gebaut, die Labors sind groß, die Büros klein.

Ich wollte trotzdem nie ein eigenes Büro haben. Und in der Zeit, in der ich eines hatte, habe ich immer Studenten oder Leute, die an einer Arbeit geschrieben haben, in mein Zimmer aufgenommen. Ich wollte nie allein sein. Ich finde das furchtbar. Es ist einsam, man kann mit niemandem reden. Außerdem ist ein Büro, in dem mehrere Leute sind, immer auch ein Treffpunkt, ein Tratschloch, wo die ganze Information zusammenläuft. Ich habe mir jahrelang mit dem Gustav Ammerer das Büro geteilt, meinem Forscherkollegen, mit dem ich schon studiert habe. Einer mit einem großen Herz und keinem großen Ego, der nicht egoistisch ist, sondern genau das Gegenteil. Und als der Sascha Martens gekommen ist, hatten wir das Büro zu dritt. Störend fand ich das nie. Man muss aufeinander Rücksicht nehmen, seine Arbeit machen. Wenn man eine Besprechung hat, geht man halt in einen anderen Raum. Das ist überhaupt kein Problem.

In ihrem letzten Jahr am Institut hatte Renée einen Minischreibtisch. Sie störte das nicht. Als sie ein Journalist besuchte, war dieser entsetzt – er fand es mickrig und wollte wissen, ob sie nicht ein besseres Büro haben sollte. Dann stellte er fest: Oh, da ist ja noch jemand im Büro! Er war irritiert, dass die bekannte Forscherin kein Herzeige-Büro hatte. Doch für Renée war das nie ein Thema. Mehr als ihren kleinen Schreibtisch brauchte sie nie. Für sie war das mehr als eine praktische Lösung, es war auch ein Statement: die erfolgreiche Professorin, die ihr Büro teilt, damit andere nicht streiten müssen.

Neben der Institutsleitung und ihren Forschungstätigkeiten gab und gibt es Funktionen, die Renée auch nach ihrer Pensionierung behält. So ist sie seit 2006 im Vorstand des Wiener Wissenschafts-, Forschungs- und Technologiefonds (kurz WWTF), im Vorstand des ZOOM Kindermuseums und Chefredakteurin ihrer eigenen Zeitschrift, *RNA Biology* – Aufgaben, die ihr Spaß machen und die sie mit spannenden Menschen zusammenbringen. Das genießt sie sehr.

Die Zeitschrift behalte ich, ein wissenschaftliches Journal, das einmal im Monat herauskommt und sehr cool ist. Ich habe es 2007 übernommen, da war es im Grunde am Eingehen. Der Besitzer des Verlages war ein cooler Typ, Ron Landes, ein sehr visionärer Mensch, der das Journal als eines von vielen in seinem Verlag, Landes Bioscience, herausbrachte. Für ihn habe ich zwei Bücher editiert, und daraufhin hat er mich gefragt, ob ich das Journal übernehmen will. Ich habe sofort Ja gesagt. Das Journal steckte tief in den roten Zahlen, also habe ich es erst einmal zugedreht und ganz klein, 2008, wieder angefangen. Ich hab mich unheimlich dafür ins Zeug gelegt, und es ist eine echte Erfolgsgeschichte.

Innerhalb kürzester Zeit verwandelte Renée die im Sterben liegende Zeitschrift, brachte sie erst alle drei, dann alle zwei Monate und schließlich wieder monatlich heraus. Sie fand sehr schnell Akzeptanz in der Fachwelt, bekam gute Impact-Punkte, die Währung, in der wissenschaftliche Journals bewertet werden: Der Faktor gibt an, wie oft ein Artikel im Journal im Verhältnis zu den insgesamt erschienenen Artikeln zitiert worden ist. Insofern ist er zwar nur ein quantitativer, kein qualitativer Wert – dennoch ein Maßstab, der einen Vergleich mit anderen Journals zulässt. Knapp über fünf Punkte waren das im Jahr 2018, damit gehört es zu den obersten zehn Prozent der bestgerankten Journals im Fach.

Innerhalb des ersten Erscheinungsjahres unter Renées Obhut schrieb *RNA Biology* wieder schwarze Zahlen. 2014 durchlief sie allerdings eine Krise, als Ron Landes in Pension ging und die Zeitschrift an einen anderen Verlag verkauft wurde – ein riesiges Haus, anonymer als der kleine, gemütliche Verlag, in dem sie bisher war. Plötzlich gab es neue, komplexe Computerprogramme; viel mehr Arbeit, um ein neues, aufwendiges System zu bedienen, das in Renées Augen gar nicht notwendig gewesen wäre. Doch sie kämpfte sich und ihr Journal durch diese Phase und wird, wenn es nach ihr geht, noch eine ganze Weile Herausgeberin bleiben.

Das Schöne ist: Ich bleibe der Wissenschaftswelt noch erhalten, kann zu Vorträgen und Kongressen gehen und bekomme mit, was wer wo macht. Spannend ist ja zum Beispiel, dass im Moment sehr viele chinesische Papers für das Journal eingereicht werden. Da ist momentan ein ziemlicher Wandel in der Wissenschaft. Die Chinesen stecken unheimlich viel Geld in Wissenschaft und Forschung. Nicht nur, dass sie mit CRISPR/Cas experimentieren, was man meiner Meinung nach sehr genau beobachten muss – sie haben jetzt auch ein Projekt, wo sie »Intelligenzgene« sequenzieren wollen, in der Annahme, dass Intelligenz genetisch ist. Irgendwie unheimlich. Da bin ich sehr gespannt, wie das weitergehen wird.

Seit März 2018 ist Renée außerdem im Universitätsrat der TU Graz. Fünf Jahre läuft eine Amtsperiode. Sie baut auch für das »Studium Generale« für Senioren an der Universität Wien das Modul Molekularbiologie auf und, und, und.

Als die Kinder klein waren, habe ich viel gearbeitet, war ständig unterwegs. Ich denke mir oft: Wie war das eigentlich? Ich hätte heute nicht mehr die Kraft, das alles zu stemmen. Man muss ja die ganzen Gelder aufbringen, jeden einzelnen Mitarbeiter finanzieren, nicht nur die Forschung, auch die Personalkosten. Da ist wahnsinnig viel Verantwortung, dass das alles funktioniert. Ich merke jetzt: Es hat alles seine Zeit. Ich will das jetzt nicht mehr, es ist mir einfach zu anstrengend. Viele Leute sagen mir, ich muss für den Leierhof Branding machen und Marketing, und alles ganz professionell. Aber genau das mache ich nicht. Weil mir das auf die Nerven geht, wenn die Form so viel wichtiger wird als der Inhalt. Man verkauft einen »Schas«, der ganz toll gebrandet ist. Ich will es eigentlich genau umgekehrt machen. Mir geht es auch nicht darum, möglichst viel Geld zu machen. Ich möchte einfach gute Produkte machen, die dann für sich selbst sprechen.

Wenn ich mir die ganzen Marken anschaue, denke ich mir: Warum fallen die Leute so darauf herein? Es ist nur ein Image, eine Hülle ohne Inhalt. Ich würde mich genieren, mit einer Louis-Vuitton-Tasche herumzurennen. Die Leute würden ja denken, ich bin deppert, dass ich so viel Geld für eine hässliche Tasche ausgebe. Protzen, das mag ich nicht. Und das wiederum ist das eigentlich Spannende in der Wissenschaft: Da gibt es sehr erfolgreiche, auch reiche Leute, die in zerrissenen Jeans herumschlurfen. Weil es um den Inhalt geht. Weil alles andere irrelevant ist. In der Wissenschaft schaut man nicht auf die Form.

Vierzig Jahre lang lehrte, arbeitete und forschte Renée am Wissenschaftsstandort Wien. Vier Jahrzehnte, in denen sie erst am von ihr mit aufgebauten Institut für Mikrobiologie und Genetik arbeitete und später ins Institut für Biochemie wechselte. Zugleich eine Zeit, in der sich der Standort komplett veränderte. Als Renée 1989 aus den USA zurückkam, war das Biozentrum in der Dr.-Bohr-Gasse gerade erst im Aufbau. 1992, als das

Vienna BioCenter alle Fakultäten im neu errichteten Institutsgebäude versammelte, war die Aufbruchsstimmung enorm. Der Grundtenor lautete: Wir lernen jetzt voneinander. Das Institut für Molekulare Pathologie (IMP) war gleich nebenan, und sie teilten sich die Cafeteria, wo sich viele zum Austausch trafen. Sie machten gemeinsam Klausuren, präsentierten sich zwei Tage lang gegenseitig ihre Forschung, diskutierten, organisierten.

Das Biozentrum wuchs und wächst noch heute. Es kamen Unternehmen dazu, Spin-offs wie Intercell, und das Gregor-Mendel-Institut. Der Campus entwickelte sich sehr gut, inklusive Kindergärten und Infrastruktur. Eine Erfolgsgeschichte. Unter dem Joint Venture »Max F. Perutz Laboratories« wurden alle Uni-Fakultäten, die sich in der Dr.-Bohr-Gasse versammelten, bürokratisch vereint – im Grunde, um Personal und Forschungsgeräte teilen zu können und nicht jedes einzelne Gerät doppelt anschaffen zu müssen. Bürokratie und Zusammenarbeit wurden dadurch einfacher.

Die RNA-Forschung, die wir in Wien betrieben haben, ist inzwischen auch international sehr renommiert und sichtbar. Wien ist schon eines der Zentren weltweit, durch das IMP und das Biozentrum. Wenn ich mir die Entwicklung über die Jahre anschaue, habe ich schon das Gefühl, einiges bewirkt zu haben. Ich habe mich ja immer eingemischt und stark gemacht für alle möglichen Sachen. Ob das jetzt Mentoring war oder der PhD-Award: Mir ist aufgefallen, dass sich so viele Studenten bei uns beworben haben mit Auszeichnungen, PhD-Preisen. Das hatten unsere Studenten gar nicht. Also haben wir einen Preis ins Leben gerufen. Und den gibt es inzwischen seit über zwanzig Jahren. Es macht einen Unterschied, wenn man die drei bis vier besten PhD-Studenten jedes Jahr vor den Vorhang holt – sie dürfen einen Vortrag halten, be-

kommen eine Urkunde, es gibt eine kleine Feier. Ich finde das wichtig!

Ihr gesamtes Berufsleben arbeitete Renée mit jungen Menschen. Ein Privileg, wie sie findet. Sie war kaum mit Leuten ihres Alters zusammen, fand die Vorstellung immer langweilig, die Gleichaltrigen kompliziert, und war genervt davon, wenn unwichtige Dinge hochgespielt wurden. Junge Menschen, sagt sie, tun das nicht.

Wenn ich jetzt ins Institut gehe, ist es noch so, als wäre ich nie weg gewesen. Es fühlt sich noch sehr heimelig an. Aber mein Schreibtisch ist nicht mehr da, es ist eigentlich abgeschlossen. Ich finde das nicht schlimm. Auch als wir damals aus Brasilien weggegangen sind, haben alle so getan, als wäre das so schlimm. Aber ich schau nach vorne. Damals und auch jetzt. Ich habe etwas Tolles vor mir. Es war eine schöne Zeit, aber ich finde, vierzig Jahre sind auch genug.

Jetzt, wo sie sich langsam aus der Wissenschaftswelt zurückzieht, wird Raum für Neues frei: Aufklärung, Bildung, Volksbildung – das ist es, was sie jetzt umtreibt. Als Leiterin der Akademie der Partei »Liste Jetzt« etwa. Eine Partei, die ihr Schulkollege Peter Pilz gegründet hat, mit dem sie in Bruck an der Mur zur Schule ging. Als Peter Pilz bei den Grünen ausstieg, schrieb Renée ihm, angespornt von ihren Söhnen, eine E-Mail. Dass sie ihn gern unterstützen würde – er solle ihr nur sagen, wie. Seine Antwort war deutlich: »Kandidiere!« Das kam für Renée erst gar nicht infrage. Sie wollte nicht ins Parlament, das war nicht Teil ihrer Pläne, aber sie wollte ihn gern im Wahlkampf unterstützen, auch finanziell. Das tat sie. Ging zu einigen Sitzungen, aus Interesse. Und ließ sich schließlich doch aufstellen.

Ich weiß nicht, ob ich fürs Parlament wirklich gut gewesen wäre. Ich bin nicht diplomatisch genug. Wenn ich mir dort anhören müsste, wie Politiker lügen, ich würde ausrasten! Für mich ist es auch undenkbar, unter Clubzwang ins Parlament zu gehen. Das gibt es bei der »Liste Jetzt« nicht, deshalb wäre es der einzige Club gewesen, bei dem ich es mir rein theoretisch hätte vorstellen können. Der Clubzwang bedeutet Entmündigung. Ich verstehe nicht, wie man sich da noch in den Spiegel schauen kann; das ist mit meinem Verständnis von Demokratie einfach nicht vereinbar. Das ist für mich wie in der Kirche. Und in der Akademie der Wissenschaften. Ein No-Go.

Das Engagement für die »Liste Jetzt« war eine spannende und lehrreiche Zeit für Renée. Sie mochte die Leute dort, deren Ideen sie gut und die sie als kompetent empfand. Eine von ihnen ist Renées ehemalige Mentee Stephanie Cox, die sie zur »Liste Jetzt« brachte. Die vielen Charaktere in der Partei seien der Grund dafür, warum die »Liste Jetzt« es vergleichsweise schwer hat: Jeder möchte seine eigene Meinung durchbringen; es ist schwierig, einen Konsens zu finden und alle Ansichten unter einen Hut zu bringen. Ohne Clubzwang, sondern mit Überzeugungsarbeit und dem Willen, den gemeinsamen Nenner zu finden.

Die Akademie der »Liste Jetzt« taugt mir. Der Bildungsverein Offene Gesellschaft. Es war viel Arbeit, ihn auf die Beine zu stellen, aber jetzt läuft er. Die Aufgabe des Vereins ist politische Bildung. Den Begriff der offenen Gesellschaft habe ich von Karl Popper geliehen: Sein Buch »Die offene Gesellschaft und ihre Feinde« finde ich so gut, ich lese immer wieder darin. Ich gehe nicht in allem mit Popper konform, aber im Großen und Ganzen und vor dem Hintergrund der Zeit, in der er gelebt hat, ist es schon sehr gut. Es geht um Aufklärung. Dass die Menschen kritisch denken und nicht alles glauben sollen, was man ihnen erzählt. Dass das Wunschdenken nicht der

Wirklichkeit entspricht: »Ich möchte, dass es einen Gott gibt, also glaube ich an Gott.« Das ist so einfach. Und so gefährlich. Weil es keine Basis hat. Und dann das Kartenhaus zusammenbricht.

Volksbildung ist eine Bringschuld, die ich sehr stark empfinde. Das, was die Wissenschaft an neuem Wissen erarbeitet, weiterzugeben. Man muss es schon übersetzen, zusammenfassen, so aufbereiten, dass es jeder versteht. Das ist wichtig, denn die meisten Leute sind denkfaul. Fake News und »alternative Fakten« sind ein Krebsgeschwür der modernen Gesellschaft. Es ist wirklich furchtbar, dass man den Leuten so leicht irgendwas einreden und sie aufhetzen kann, dass Lügen überhaupt kein Problem mehr sind. Das macht mir zu schaffen. Deshalb ist mir der Bildungsverein und überhaupt Aufklärung so wichtig. Es macht mich wahnsinnig, wenn die Leute so leicht betrogen werden können. Die Impfgegner, irgendwelche esoterisch-homöopathischen Mittel oder anderer Klimbim, der null Wirkung hat.

Seit einigen Jahren lernt Renée Japanisch. Auf die Idee kam sie während eines Rückfluges von einer Konferenz in Kyoto. Sie möchte die Sprache unbedingt lernen – nicht weil sie muss, sondern einzig und allein, weil es ihr Spaß macht. Japanisch zu lernen ist, genau wie das Saxofonspielen, ein Hobby ohne Stress. Zu lernen, ohne eine Prüfung zu machen, sondern aus reinem Interesse für Sprache und Kultur. Aus Büchern und mithilfe von Online-Lernvideos versucht sie, in diese völlig neue Sprache hineinzufinden.

Vielleicht ist es auch ein Hirntraining gegen Alzheimer. Diese drei verschiedenen Schriften zu lernen – Kanji, Hiragana und Katakana –, das ist schon echt schwierig. Ich hab schon x-mal ein paar Schriftzeichen gelernt und sie kurz darauf wieder vergessen. Man hat dieses Zeitfens-

ter, in dem man leicht Sprachen lernt. Wenn ich daran denke, wie schnell ich Deutsch oder Französisch gelernt habe, das ist ja fast komisch. Ich hab einmal angefangen, Russisch zu lernen, da ging gar nichts. Ich habe auch einen Arabischkurs gemacht, von dem nichts hängen geblieben ist außer einem Wort, »Shukran« – das heißt Danke. Aber Deutsch habe ich so schnell gelernt, weil ich es den ganzen Tag gehört habe und weil ich es musste. Es war eine Überlebensfrage. Sonst hätte ich Friseurin werden müssen, wie mein Vater immer gesagt hat. Aber mit Haaren habe ich es nicht so.

Unter all den neuen Aufgaben, die sich Renée für die Pension ausgewählt hat, ist der Leierhof wohl die umfassendste. Sie möchte einen Betrieb auf die Beine stellen, der sich gut erhält mit dem, was da ist: mit den alpinen Kräutern. Sie möchte keinen Viehbetrieb, keine Kühe, Schweine oder Schafe, weil sie zu viel unterwegs ist. Sie wird Kräuter sammeln, einige anpflanzen, einen schönen, großen Kräutergarten anlegen, dort oben am Leierhof, diesem speziellen Ort. Sie möchte es schaffen, Produkte zu verkaufen, Elixiere, Tees, Öle, Salben, Seifen.

Vor allem möchte sie ihr neues Zuhause hoch oben am Berg genießen. Viele ihrer Freundinnen haben für die Pension nur eines im Sinn: zu reisen. Renée möchte eigentlich lieber zu Hause bleiben und sich zwei Wochen lang nicht vom Fleck rühren. Weil sie im letzten Jahr kaum drei Tage lang an einem Ort war. Immer in Bewegung, das ist auch anstrengend.

Ich habe mir überlegt, was eigentlich bisher das Tollste in meinem Leben war. Und ich bin draufgekommen: Die schönste Zeit waren die zwanzig Jahre mit Fabian und Constantin, wo wir ein Trio waren, unschlagbar. Das war urklass. Es war keine einfache Zeit, ich habe viel gearbeitet und noch nicht viel verdient. Aber da war alles so im

Lot. Es war genug Zeit für Reisen, wir haben viel unternommen. Die Kinder sind einfach so super, da hab ich so ein Glück. Das musst du erst einmal haben, zwei solche Kinder. Der Leierhof ist schon eine Verlängerung dieser zwanzig Jahre, die wir unter einem Dach gelebt haben. Und es ist unheimlich schön, dass jetzt auch die Schwiegertöchter und die Enkelkinder dabei sind. Vielleicht ist das jetzt die nächste Steigerungsstufe.

Ursel Nendzig
Renée Schroeder

Die Henne und das Ei

Auf der Suche nach dem Ursprung des Lebens

ISBN 978 3 7017 3248 7

Auf der Suche nach dem Molekül des Lebens

Was ist der Mensch? Jeder Mensch will wissen, was oder wer er ist. Bei ihrer spannenden Suche nach dem Molekül des Lebens hat die Biochemikerin Renée Schroeder bahnbrechende Entdeckungen gemacht. Auf der Suche nach Erkenntnis hinterfragt sie unerschrocken die Möglichkeiten der Genetik und bezieht im Disput um Glauben gegen Wissen eindeutig Stellung für die Wissensgesellschaft. Tabus kennt sie dabei nicht.
Die Frage nach dem Ursprung des Lebens führt die Forscherin weit über die Grenzen ihres Faches hinaus zu den Grundfragen des Seins. Woher kommen wir, wo geht es hin? Wie funktioniert Evolution, und welche Rolle spielt der Zufall?

Renée Schroeders undogmatisches Denken über die Grenzen unserer Wahrnehmung öffnet gedankliche Türen und macht neue Sichtweisen möglich. In diesem Buch erklärt uns die leidenschaftliche Wissenschaftlerin, was angewandte Bioethik ist und welche Bedeutung das Henn-Ei für unsere Zukunft hat, und sie führt uns ein in die wunderbare Welt der Moleküle.

Ursel Nendzig
Renée Schroeder

Von Menschen, Zellen und Waschmaschinen

Anstiftung zur Rettung der Welt

ISBN 978 3 7017 3328 6

Wir müssen uns selber neu erfinden!

Die Biochemikerin Renée Schroeder lernt von Zellen und Bakterien, wo es kontrolliertes Wachstum und selbstloses Verhalten gibt. Denn angesichts von zügellosem Wirtschaftswachstum und explosionsartiger Zunahme der Weltbevölkerung ist heute eines klar: So kann es nicht weitergehen. Eine neue Gesellschaft mit neuen Werten muss gefunden werden, in der Qualität über Quantität steht. Renée Schroeder schlägt Brücken zu ihrer Forschung und zeigt auf, wie wir uns und den Planeten retten können.

Das wichtigste Gebot aber lautet: Denke weiter! Eine furchtlose Streitschrift, ein Plädoyer für die Verantwortung, ein Aufruf zum Umdenken – ein Buch, das Mut macht.

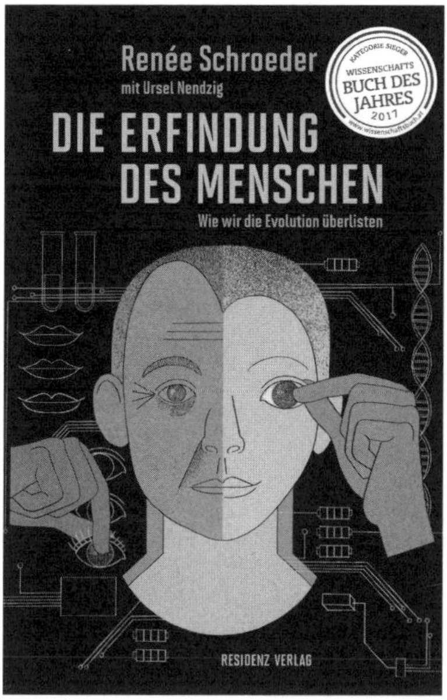

Ursel Nendzig
Renée Schroeder

Die Erfindung des Menschen

Wie wir die Evolution überlisten

ISBN 978 3 7017 3376 7

Wir können nicht erwarten, dass sich die Evolution um das Überleben der Menschen kümmert. Wenn wir überleben wollen, müssen wir das selber tun.

Das Verständnis der Auferstehung wird zur Erkenntnis-Aufgabe für jeden Menschen, dem die Frage nach dem Sinn des Lebens nicht gleichgültig ist.

Vor 70.000 Jahren war der Mensch zum ersten Mal in der Lage, etwas zu denken, was es nicht gibt. Was banal klingt, ist die Geburtsstunde der menschlichen Kultur und der Startschuss für eine Reihe von Erfindungen, die den Menschen geprägt und nicht nur zum Besseren verändert haben. Er erdenkt Mythen, Religionen, erfindet Sprache, Geld und Rassismus. Jetzt steht der Mensch kurz vor seiner größten Erfindung: sich selbst. Denn die Wissenschaft ermöglicht es ihm, seine Evolution selbst fortzuschreiben. Renée Schroeder blickt auf die kurze Zeit, die der Mensch bisher gelebt hat, macht einen Ausflug in seine Genetik und ruft eine neue Aufklärung aus.